策划 · 视觉

玉石之道

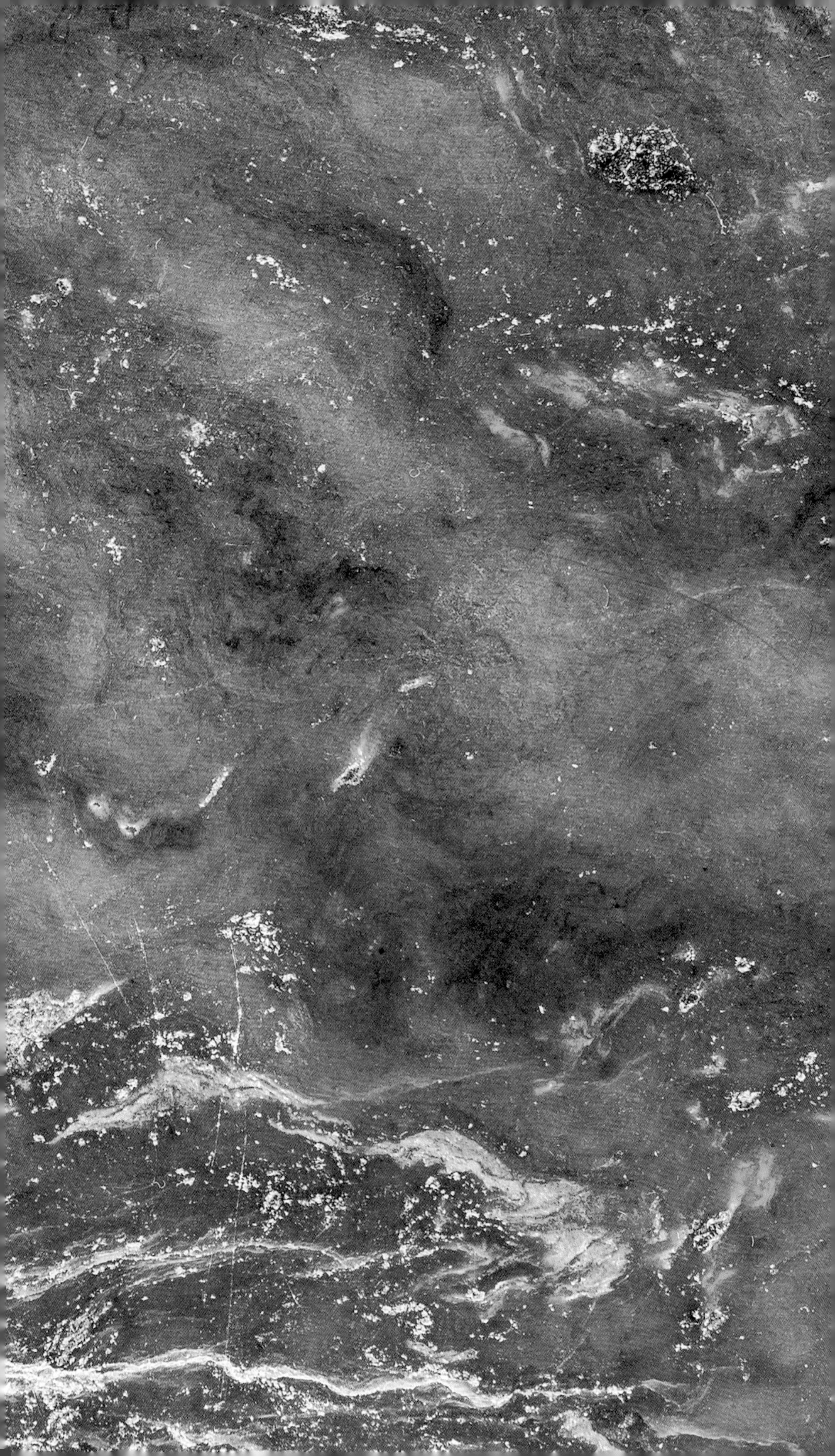

传统治玉模式注重精雕细琢，
从而缔造出举世无双的珍品，
其中体现的既是精益求精的技术追求，
更是为人处世的玄妙哲理。

“十三五”国家重点出版物出版规划项目

中国古代重大科技创新

ZHONGGUO GUDAI ZHONGDA KEJI CHUANGXIN

玉石之道

中国科学院自然科学史研究所 总策划

陈朴 孙显斌 主编

王君秀 著

湖南科学技术出版社

图书在版编目（CIP）数据

玉石之道 / 王君秀著. — 长沙 : 湖南科学技术出版社, 2020.11
（中国古代重大科技创新 / 陈朴, 孙显斌主编）
ISBN 978-7-5710-0526-9

Ⅰ. ①玉… Ⅱ. ①王… Ⅲ. ①玉器—工艺美术史—中国—古代 Ⅳ.
① TS932.1-092

中国版本图书馆 CIP 数据核字 (2020) 第 047322 号

中国古代重大科技创新
YUSHIZHIDAO
玉石之道

著　　者：王君秀
责任编辑：李文瑶　林澧波
出版发行：湖南科学技术出版社
社　　址：长沙市湘雅路276号
　　　　　http://www.hnstp.com
印　　刷：雅昌文化（集团）有限公司
　　　　　（印装质量问题请直接与本厂联系）
厂　　址：深圳市南山区深云路19号
邮　　编：518053
版　　次：2020年11月第1版
印　　次：2020年11月第1次印刷
开　　本：787mm×1092mm　1/16
印　　张：9.5
字　　数：85千字
书　　号：ISBN 978-7-5710-0526-9
定　　价：48.00元

总序

FOREWORD

中国有着五千年悠久的历史文化，中华民族在世界科技创新的历史上曾经有过辉煌的成就。习近平主席在给第22届国际历史科学大会的贺信中称：“历史研究是一切社会科学的基础，承担着‘究天人之际，通古今之变’的使命。世界的今天是从世界的昨天发展而来的。今天世界遇到的很多事情可以在历史上找到影子，历史上发生的很多事情也可以作为今天的镜鉴。”文化是一个民族和国家赖以生存和发展的基础。党的十九大报告提出“文化是一个国家、一个民族的灵魂。文化兴国运兴，文化强民族强”。历史和现实都证明，中华民族有着强大的创造力和适应性。而在当下，只有推动传统文化的创造性转化和创新性发展，才能使传统文化得到更好的传承和发展，使中华文化走向新的辉煌。

创新驱动发展的关键是科技创新，科技创新既要占据世界科技前沿，又要服务国家社会，推动人类文明的发展。中国的“四大发明”因其对世界历史进程产生过重要影响而备受世人关注。

但“四大发明”这一源自西方学者的提法，虽有经典意义，却有其特定的背景，远不足以展现中华文明的技术文明的全貌与特色。那么中国古代到底有哪些重要科技发明创造呢？在科技创新受到全社会重视的今天，也成为公众关注的问题。

科技史学科为公众理解科学、技术、经济、社会与文化的发展提供了独特的视角。近几十年来，中国科技史的研究也有了长足的进步。2013 年 8 月，中国科学院自然科学史研究所成立“中国古代重要科技发明创造”研究组，邀请所内外专家梳理科技史和考古学等学科的研究成果，系统考察我国的古代科技发明创造。研究组基于突出原创性、反映古代科技发展的先进水平和对世界文明有重要影响三项原则，经过持续的集体调研，推选出“中国古代重要科技发明创造 88 项”，大致分为科学发现与创造、技术发明、工程成就三类。本套丛书即以此项研究成果为基础，具有很强的系统性和权威性。

了解中国古代有哪些重要科技发明创造，让公众知晓其背后的文化和科技内涵，是我们树立文化自信的重要方面。优秀的传统文化能“增强做中国人的骨气和底气”，是我们深厚的文化软实力，是我们文化发展的母体，积淀着中华民族最深沉的精神追求，能为“两个一百年”奋斗目标和中华民族伟大复兴奠定坚实的文化根基。以此为指导编写的本套丛书，通过阐释科技文物、图像中的科技文化内涵，利用生动的案例故事讲解科技创新，展现出先人创造和综合利用科学技术的非凡能力，力图揭示科学技术的历史、本质和发展规律，认知科学技术与社会、政治、经济、文化等的复杂关系。

另一方面，我们认为科学传播不应该只传播科学知识，还应该传播科学思想和科学文化，弘扬科学精神。当今创新驱动发展的浪潮，也给科学传播提出了新的挑战：如何让公众深层次地理解科学技术？科技创新的故事不能仅局限在对真理的不懈追求，还应有历史、有温度，更要蕴含审美价值，有情感的升华和感染，生动有趣，娓娓道来。让中国古代科技创新的故事走向读者，让大众理解科技创新，这就是本套丛书的编写初衷。

全套书分为“丰衣足食·中国耕织”“天工开物·中国制造”“构筑华夏·中国营造”“格物致知·中国知识”“悬壶济世·中国医药”五大板块，系统展示我国在天文、数学、农业、医学、冶铸、水利、建筑、交通等方面的成就和科技史研究的新成果。

中国古代科技有着辉煌的成就，但在近代却落后了。西方在近代科学诞生后，重大科学发现、技术发明不断涌现，而中国的科技水平不仅远不及欧美科技发达国家，与邻近的日本相比也有相当大的差距，这是需要正视的事实。“重视历史、研究历史、借鉴历史，可以给人类带来很多了解昨天、把握今天、

开创明天的智慧。所以说，历史是人类最好的老师。”我们一方面要认识中国的科技文化传统，增强文化认同感和自信心；另一方面也要接受世界文明的优秀成果，更新或转化我们的文化，使现代科技在中国扎根并得到发展。从历史的长时段发展趋势看，中国科学技术的发展已进入加速发展期，当今科技的发展态势令人振奋。希望本套丛书的出版，能够传播科技知识、弘扬科学精神、助力科学文化建设与科技创新，为深入实施创新驱动发展战略、建设创新型国家、增强国家软实力，为中华民族的伟大复兴牢筑全民科学素养之基尽微薄之力。

冯立昇

2018 年 11 月于清华园

前言 PREFACE

中华玉文化是中华文明的重要组成部分，治玉业的发展也是由来已久，治玉技术在漫长的演变历程中不断成熟，最终在明清时期到达技艺的顶峰。目前中国最早用软玉制作的玉器发现于距今 8000 年左右的兴隆洼文化和查海文化中。

明代是汉族地主阶级占统治地位，疆域辽阔的大一统时代，统治者以极端保守的高压政策来维护政治的稳定，但与此同时，在明代中后期，社会内部已经出现了商品经济的萌芽，城市手工业相当发达，市民阶层出现并形成一定的规模。新兴阶层在社会各个领域都有自身的利益诉求，引发了明代玉器的审美新倾向。因为皇室的重视，民间赏玉之风盛行，玉器种类造型丰富多彩，工艺多有创新，并涌现出一批杰出的工匠。

清代是满族建立的少数民族居于统治地位的中国最后一个封建王朝，其统治者最初出于巩固政权的考虑，积极推广汉族文化，清朝中期以后玉器进入全面繁盛阶段，皇室用玉涉及到

多个领域，种类之多，器型之美，都达到了前所未有的高度。乾隆帝非常痴迷于玉，不仅爱玉、赏玉，甚至还亲自参与到玉器制作的过程中来，极大推动了清代玉器的发展。清代除了继承和弘扬传统的玉文化外，还从满族的文化出发，增添了扳指，朝珠，翎管之类的新品种。中国几千年的玉文化积累，在清代厚积薄发，达到了登峰造极的境界。

北京自辽金以来，政治地位逐渐凸显，作为元、明、清三代的都城，北京的治玉历史与皇权有着不可分割的联系，皇室的意志与意趣规定了治玉的风格走向，与南方的治玉中心相比，北京因其尊贵的政治身份、特定的地理风貌、丰富的民族构成形成了鲜明的治玉风格，那就是：雄浑大气，雍容典雅。与这种风格相生相伴的还有精益求精的工艺标准和修身如玉的道德追求。北京有着丰厚的历史文化遗存，通过考古发掘，明、清两代皆有质量上乘的玉器珍品出土；除此之外，故宫博物院还拥有种类丰富，富有代表性的传世玉器。这些切实可见的玉器为本文提供了扎实的物质基础，同时，明、清两代的治玉情况与前朝相比，有更加详尽的文献、档案、著作，有利于资料的查实考证。

明清两代，北京都是宫廷治玉的中心，与南方的其他治玉中心相比，北京的治玉业设有专业规范的皇家组织管理机构和严格的管理制度，中央政府设立的治玉机构称为“官作”主要是为了满足皇族对玉器的需求，体现了统治者的政治意志与审美意趣。除了官作，“民作”也是北京治玉业的重要组成部分。北京的民作在明清两代都很繁荣，形成了相当的规模。

明清两代，北京治玉业都保留了传统的用玉观念及选择玉材的方式，延续了中国古代的用玉体系，在玉材选择上以和田玉中的精品为上品。明代玉器用料品种较少，整体水平不佳，优质玉料稀缺，皇家玉器的用料也常常不尽如人意。清代玉器用料十分广泛。清代中期，民间玉料使用逐渐扩大，朝廷除对和田玉料有严格限制外，其他玉料可以在民间自由流通，而且这些玉料分布广泛，产量巨大，价格低廉，因此，深受普通百姓的喜爱，成为民间用玉的主要原料。

明代的治玉工艺，可以在文献中找到相关记载，最重要的应该是治玉工具的完善，“琢玉机”的发明与使用极大地提高了生产力，是清代治玉业达到全盛的技术基础。至清代，各项工具均已发明，各项技术也趋于完善。乾隆直接参与了玉器的设计，并积极倡导创新，工匠更是继承了历代工艺之精华。北京地区治玉业在清代中期进入繁盛期。

本书在时间上设定了明清为时代对象，在空间上设定了

北京为地域坐标，并综合技术、贸易、文化等多个方面，对明清时期北京治玉业的脉络进行了梳理，着重挖掘北京治玉业在明清两代至高的政治地位和强大的文化辐射力。北京因其尊贵的政治身份、特定的地理风貌、丰富的民族构成形成了鲜明的治玉风格。宫廷玉器与民间玉器的互动关系也是本书的一个亮点，它既体现了皇权与精英文化固有的高贵、严谨与肃穆，在审美上引导着民间用玉；同时又被富有生机的民间文化所影响、从而形成了良性的互动关系，共同谱写了明清两代玉业的辉煌。

目录

CONTENTS

第一章 CHAPTER 1

综述

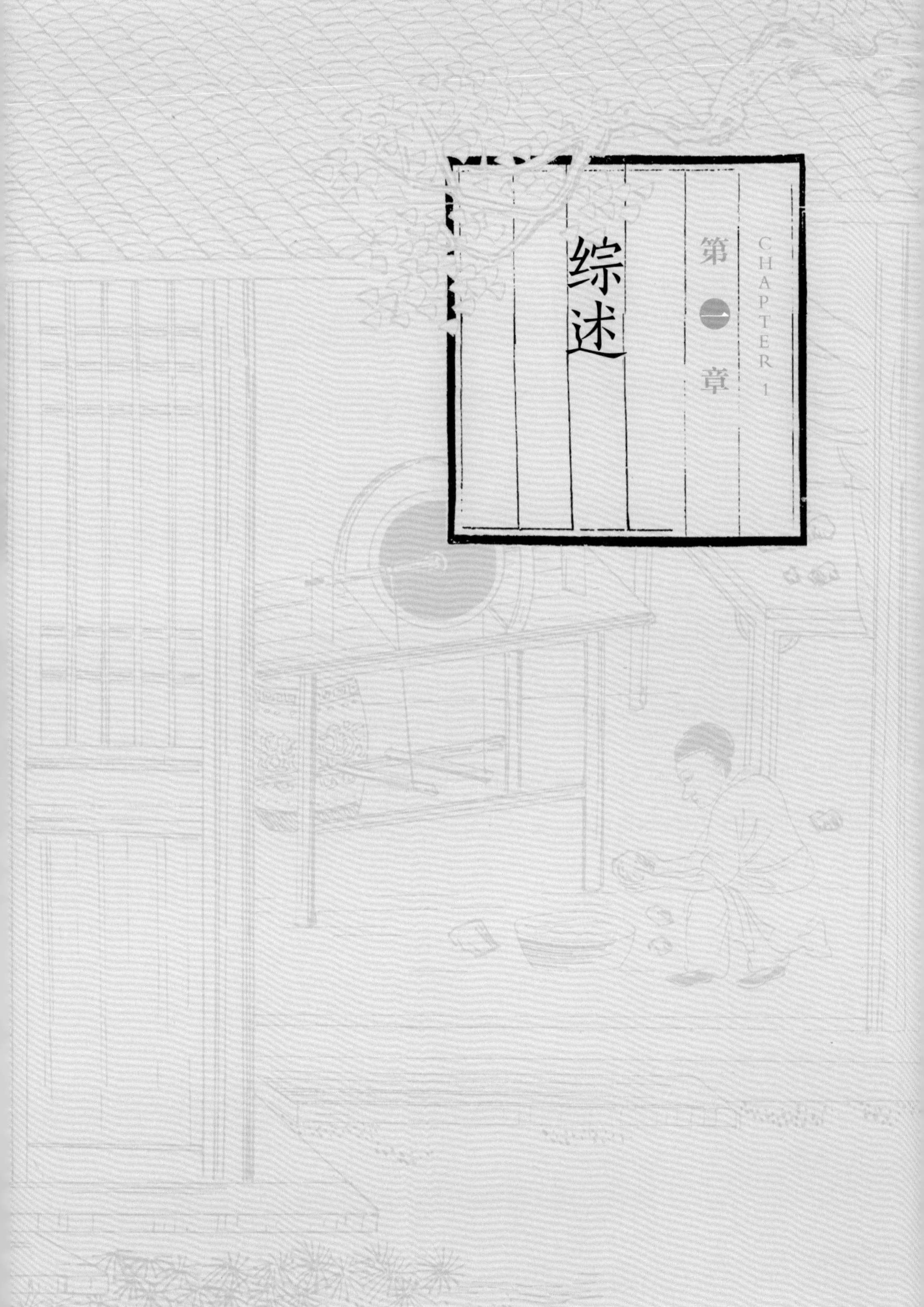

玉是岩石的一种，是大自然活动变迁的产物，它的自然属性并不复杂。然而，玉之于中华民族的意义绝不仅限于此。最开始，玉是作为生产工具为我们的先民所用的，而后被运用到装饰、祭祀神灵、丧葬、医用、把玩收藏、辟邪纳福等多个领域，形成了中华民族特有的玉文化。

中华玉文化是中华文明的重要组成部分。中国古人很早就提出了“和”的概念，比如，《易》中的“太和”。在中华文明早期，人们认为作为巫觋活动礼器的玉可以与神灵沟通，所以赋予了它“和”的特质。随后，在中华文化的形成发展过程中，不论是儒家、道家还是佛教，都因为提倡“和”而推崇“玉”。儒家赋予玉厚重的道德内涵，玉因而成为儒家礼仪观念的载体，诠释着儒家关于秩序与和谐共生的理念，引导人们自律、自善。儒家所主张的“天人合一”的哲学思想、“仁、义、礼、智、信”的伦理学思想，以及“表里如一”“温柔敦厚”的美学思想，深深地影响了中国玉文化的形成。如果说，儒家的用玉观念是“积极有为”的和谐观，那么道家的则是“自然无为”的和谐观。“和善、随和、和顺、和美”都是从道家引申出来的概念，也是影响了中国几千年的用玉观念。佛教在中国属于外来宗教，它吸收了儒家和道家的思想，形成了一套“治心救世”的和谐观，同样对中国的用玉习俗产生了重要影响。

在国家积极保护和发展民族文化、塑造良好民族文化形象、促进与世界各国和地区文化交流的时代背景下，努力探求中华玉文化的内涵，认真研究珍贵的传统文化精髓，具有积极的现实意义。

从玉定义的发展来看，给玉做出了明确定义的人是东汉时期的许慎。许慎在《说文解字》中释玉为：“玉，石之美者，有五德”。“石之美者”规定了玉的自然属性，而“有五德”则赋予了玉社会属性。总之，许慎给了“玉是美石”这个宽泛的概念。时至今日，《辞海》还沿袭着古代传统对玉的解释，将玉定义为：“温润而有光泽的美石，如宝玉，玉器”。[1]而《中国大百科全书》对“玉石”的定义是：“广义的玉石是自然界中颜色美观、质地细腻坚韧、光泽柔润、由单一矿物或多种矿物组成的岩石，如绿松石、芙蓉石、青金石、欧泊、玛瑙、玉髓、石英岩等。狭义的玉石专指硬玉（翡翠）和软玉（和田玉、南阳玉等），或简称玉。实际上广义的宝石也包括玉石在内。常用作首饰及玉雕材料。”[2]

现代矿物学上所讲的玉，是指角闪石，亦称为软玉。其摩氏硬度6~6.5度，比重为2.55~2.65，主要成分是硅酸钙的纤维状结晶体，有类似于凝脂的色泽。其中，质地纯净者为纯白色，即俗称“羊脂玉”，经济价值很高；有的因含有少量的金属氧化物离子，而呈现青、绿、黑、黄等色或杂色。另外，矿物学上还有一种辉石类矿物，又称硬玉，其色绿者最为名贵，中国称之为翡翠。辉石的摩氏硬度6.75~7度，比重为3.2~3.3，以硅酸钠和硅酸铝为主，有隐约的水晶结构，质地坚硬，密度较高，具有玻璃的光泽，清澈晶莹。翠绿色、苹果绿、雪花白、藕粉、油青，都是辉石类矿物的典型色泽。但辉石类中的翡翠在18世纪之后才被广泛使用，因此，中国历史上的古玉制品绝大部分都是角闪石制品。

在中华玉文化中，玉的概念是广义的，但并非所有美丽的石头都是玉，如寿山石、鸡血石，也是外观美丽且价值不菲的石头，但在中国传统的玉概念里，并不把它们划为玉的范畴。传统的“玉”包括西方所谓的宝石和钻石，如翡翠、琥珀、绿松石、玛瑙、水晶、芙蓉石、珊瑚、珍珠等。对中国玉文化的梳理要结合时代背景，多角度地把握玉的概念。

① 辞海编辑委员会：《辞海》（下），上海辞书出版社，1999年版，第4599页。
② 中国大百科全书编辑委员会：《中国大百科全书》，中国大百科全书出版社，1993年版。

1-1-1

青白玉（重 1502 千克）

1-1-2

高绿翡翠

【中国地质博物馆藏】

因此，我们可以给中国传统意义上的玉下这样一个定义：玉，是指在历史上长期被用来琢磨玉器的那些质密、色美、物稀、贵重的材料和玉器的总称，是包涵有天然自然属性、人工自然属性和社会文化属性的美石和玉器。

古玉的研究和著录肇始于宋代。宋代吕大临的《考古图》和薛尚功的《历代钟鼎彝器款识法帖》都收录了一些古玉，但数量很少。元代朱德润的《古玉图》是第一部有关古玉的专著，收录玉器 41 件。清代中期以后，随着考据之风的盛行，古玉研究也进入了高潮。清末吴大澂著《古玉图考》一书，以图文并茂的形式将传世的实物与历史文献相参证，详细考订玉器器名和用途，取得了突出的成果，对后世的研究影响很大。

1-1-3

古玉图考

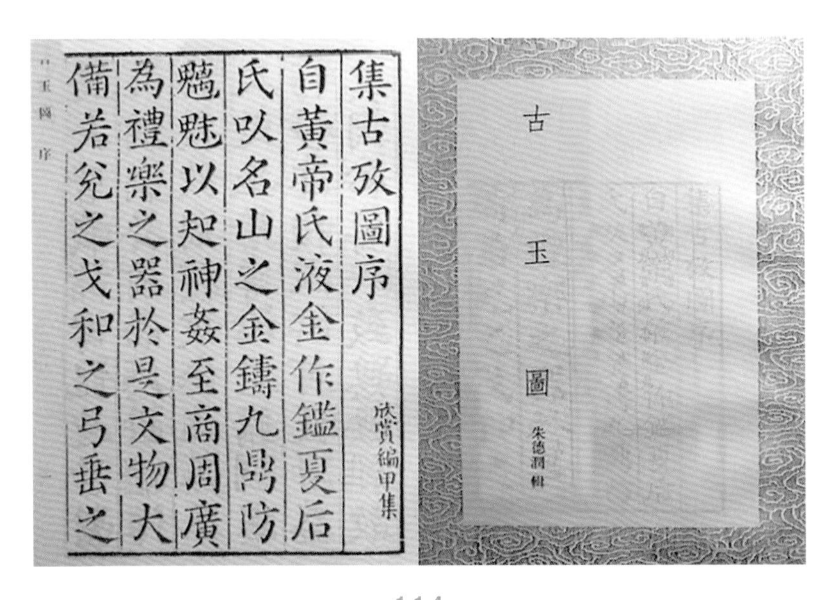
集古玫圖序
欣賞編甲集
自黃帝氏液金作鑑夏后氏以名山之金鑄九鼎防魑魅以知神姦至商周廣為禮樂之器於是文物大備若兌之戈和之弓垂之

1-1-4

古玉图

第二章

CHAPTER 2

北京地区治玉业的历史演进

元——邱处机与北京玉业

北京有着将近800年的治玉历史。作为元、明、清3个朝代的都城，北京在中国封建社会的最后阶段反而焕发出了前所未有的生机，逐渐成为中国北方最重要的治玉中心。元代统治者曾经在公元1219~1260年的40年时间里组织了3次大规模的西征，由于自身为游牧民族，缺乏手工业基础和技艺，因此在西征过程中，身怀绝技的工匠就成为其热衷掳掠的主要战利品。这些工匠的到来，初步奠定了元代北方手工业的基础。元灭宋之后，控制了中原与南方的手工业，这无疑大大扩充了元代的手工业规模。至元世祖忽必烈建大都于燕京，元大都所在地燕京及其周边腹地已然成为全国手工业的中心和官营手工业中心。因此，元代是中国南北方以及中国与西方发达文明在手工业领域的大交融、大汇集时期。从元建大都起，北京就逐渐成为全国的政治、文化中心。为了满足内外交往及王公贵族的需要，中国玉器之精华均集于北京，加上美玉良师、能工巧匠荟萃北京，北京治玉业进入了地利、人和的发展时期。

元代的治玉机构分为官办玉作和民间玉作。100多年里，元大都（北京）始终是元代官办玉作的重心，官作中有汉族和西域少数民族的玉工为皇家用玉服务。

官作的产品控制十分严格，这体现在官府设置的各类专职管理机构和严格的管理制度上。早在蒙古汗时期就设立了官办玉作，元三年（1266年）又成立了玉匠局，元十五年（1278年），玉匠局改名为“玉局提举司”，属“诸路金玉人匠总管府”，总管全国各地制玉。“至元十一年，升诸路金玉人匠总管府。掌造玉册玺章、御用金玉珠宝、衣冠束带、器用几榻及后宫首饰。凡赐赉，须上命，然后制之。”[1]“至元十二年（1275年），设诸色人匠总管府，秩正三品，掌百工技艺”，其中，“玛瑙玉局，秩从八品。直长一员。掌琢磨之工。至元十二年

① 尚刚：《元代工艺美术史》，辽宁美术出版社，1999年版，第305页。

始置”。[1]至元三十年（1293年），又设“诸路金玉人匠总管府，秩正三品。掌造宝贝金玉冠帽、系腰束带、金银器皿，并总诸司局事”。[2]通过这些记载，可以看出元代朝廷对手工业发展的重视，这些专门的政府管理机构，保证了中央对行业的控制监管力度，也最大程度地满足了皇室对金银珠玉这些贵重物品的占有。

凡是御用的作品，必须上奏朝廷，获得批准后才可以生产制作。作品的样式也是派定的，甚至是皇帝钦定的。不论是中央作坊，还是地方性作坊，在样式方面的限制一样严格，只要有自行设计的新样制品，就必须报送批准。

可见，元代的治玉业是在统治阶级的意志控制下，循规蹈矩地向前发展的，它必须绝对地服从和服务于朝廷。可以说在中国悠久的工艺历史中，手工业技术从没有像在元代这样，被强烈而直接地赋予了统治阶级的趣味和意志。统治者倚重技艺，有技能的工匠自然可以以此保命，甚至可以凭借超人的技艺为官，大大提高自身的社会地位。

元代的民间玉作是在宋、金治玉基础上进一步发展起来的，主要还是以个体手工作坊为主的生产方式，与官作相比，民作规模小而分散。然而在元大都，治玉业已遍布市井，成为手工业中的翘楚。如今在位于北京城西南的白云观中，有《白云观玉器业公会善缘碑》可以为证。

①《元史·志第三十五百官一》。
②《元史·志第三十八百官四》。

2-1-1

北京白云观中的邱祖殿

白云观邱祖殿中供奉的是道教全真教的祖师——邱处机，他也是北京玉器行业的祖师神。邱处机，道号长春真人，据记载他生于山东，少年学艺，游历广泛，后定居北京，皇帝封其高官并请他掌管造办机构。[1]据《白云观玉器业公会善缘碑》的碑文记载：邱曾“遇异人，多得受禳星祈雨、点石成玉诸玄术”，“慨念幽州地瘠民困，乃以点石成玉之法，教市人习治玉之术。由是燕石变为瑾瑜，麤（音 cū，同粗）涩发为光泽，雕琢既有良法，攻采不患无材，而深山大泽，瓌（音 guī，同瑰）宝纷呈。燕市之中，玉业乃首屈一指。会其道者，奚止万家洎”。[2]

① 陈重远：《老珠宝店》，北京出版社，2005 年版，第 237 页。
② 《白云观玉器业公会善缘碑》。

2-1-2

邱处机画像

2-1-3

玉器业公会善缘碑及碑刻

碑文记载了邱处机对北京治玉行业的恩赐，他开启了治玉行业的历史，因而被供奉为玉业的祖师爷，承受代代香火。每逢邱祖诞辰，元代玉器行人都会前去白云观为其拜寿。乾隆五十四年（1789 年），玉行布施善会在白云观创立，后于民国二十年（1931 年），改名为“玉器业同业公会”，次年立碑表达对邱祖的感恩之心。

当然，“点石成玉”只不过是一种传说，由此可见，北京玉行已经将邱处机神仙化。但是白云观作为道教的修行之所，却在北京治玉史上有举足轻重的地位，值得推敲。据白云观老道长回顾：旧时北京玉器行业中人与白云观道士来往甚密，并互以师兄弟称呼。

明——玉作与“子冈”款玉器

明代是汉族地主阶层占统治地位的政权，共历时276年。统治初期，朝廷采取了一系列有利于生产发展、减轻农民和手工业者负担的措施，刺激了劳动者的积极性，促进了城乡经济的发展。至明代传统封建社会已经发展到高度成熟的阶段，从它的内部出现了商品经济的萌芽。明代市镇经济高度繁荣，经济的发展与转型，带动了社会生活方式的变化，新的市民阶层随之出现。虽然，统治者采取高压政策妄图维护封建集权社会的礼制，但新兴社会阶层在各个领域的利益诉求是无法被忽视的，必然会带来或多或少的革新。在这样的社会背景下，明代手工业获得了前所未有的发展。尤其是在明代中后期，工艺品的市场需求大规模增长，而需求的构成又由于社会阶层的多样，显得更为复杂。当时的工艺制作，除宫廷礼仪性器物在风格上仍带有些许程式化的倾向外，民间的器物多是为满足普通百姓对日常生活审美化的需求，同时还有文人的一种自我表达。多种艺术风格的碰撞与共融带来了明代手工业的蓬勃发展。

作为明代手工业的重要组成部分，治玉业也不可避免地产生了许多新的变化。宋应星在《天工开物》中将玉器工艺归入“珠宝”类，作为手工业行当之一，详细记载了其原料来源、开采、运输以及琢制的方法等，表明治玉业在当时已经相当成熟。除了皇城北京外，明代治玉中心还有苏州，而且苏州的技艺冠列全国之首，所谓“良材虽集京师，工巧则推苏郡”。[1] 由于明代的辖域不包括今天的新疆地区，朝廷主要通过受贡和交易的方法获得新疆玉。进贡内廷的玉料并非都是优等的，相反，很多都因质劣而无法使用。但是，使臣私下出售的玉石倒“皆良”。[2] 由于明廷规定随进贡之玉而来的大量额外玉石可以公开买卖，因此每年有数量惊人的玉石流通到民间市场。虽然明代

①［明］宋应星：《天工开物》，商务印书馆，1954年版。
②［清］张廷玉等撰：《明史》卷三三二《西域传四》，中华书局校点本，1985年版。

对用玉礼制有严格的规定，如庶人冠服不准用玉，但是当时有财力的富豪、文人都占有数目相当的玉器，民间玉器市场有着巨大的消费能力。在当时的苏州，治玉业已经成为维持市镇经济良性发展的支柱性产业了。

明代的宫廷服务机构，主要由宦官二十四衙门组成，即十二监、四司、八局。其中，十二监中的御用监，管理着宫廷玉作。《明史·职官志》中有关于御用监的记载：“凡御前所用围屏、床榻诸木器，及紫檀、象牙、乌木、螺甸诸玩器，皆造办之。”[1]《明史·后妃》记载：“崇祯十一年（1638 年）三月，以加上孝纯太后尊谥，于御用监得后及孝靖太后玉册玉宝，始命有司献于庙。”[2]明代御用监·玉作承做了数量相当的仿古玉器，主要是依据古礼复制的礼器，风格端庄敦厚，审美保守，与之前的玉礼器并无太大区别。

明代匠籍制度规定手工工匠分为轮班和坐班 2 种。住坐匠一般附籍于京师及其附近区域，每月服役 10 天；轮班匠人则住在原籍，每 3 年服役一次，一次不超过 3 个月，其余时间可以自由工作。这种制度有利于明代宫廷玉作与民间玉作的相互交流。明代宫廷玉匠的记录寥寥无几，倒是南方的治玉中心苏州出现了一批名震全国的玉匠。

---

① 〔清〕张廷玉等撰：《明史》卷七四，志第五〇，职官三，中华书局，1974 年版，第 1819 页。

② 〔清〕张廷玉等撰：《明史》卷一一四，列传第二，后妃二，中华书局，1974 年版，第 3539 页。

明代中后期，民间治玉业逐渐繁荣，苏州逐渐成为南方的治玉中心。当时苏州有许多知名的玉匠，而且有着一定的社会地位，他们与文人缙绅多有来往，其作品也受到文人与富商的亲睐，价格昂贵。

陆子冈是明代最负盛名的治玉高手，被明代王世贞的《觚不觚录》排在明代吴中名匠之首。陆子冈，江苏太仓人，文献中没有明确的生卒年月记载，是明代最著名的治玉大师。陆子冈的作品，历来为世人所推崇，享誉海内外。

在北京故宫博物院里，珍藏有陆子冈的青玉婴戏纹执壶、青玉山水人物纹方盒等玉雕佳作。其中的合卺（音 jǐn） 杯，高 7.5 厘米，宽 13 厘米，杯由 2 个直筒式圆形连接而成，底有 6 只兽手足，杯体腰部上下各饰一圈绳纹，作捆扎状，一面镂雕一凤作杯把，一面凸雕双螭作盘绕状，两纹间的绳纹结扎口上刻一方图章，上有隶书“万寿”二字；杯身两侧，一侧雕有诗句“湿湿，既雕既琢，玉液琼浆，均其广乐”，未署“祝允明”三字，诗上部刻有“合卺杯”名，另一侧雕有诗句“九陌详烟合，千番瑞日明，愿君万年寿，去醉凤凰城”，诗上部有“子冈制”三字篆书款。这件玉雕作品充分体现了陆子冈琢玉古雅精妙的艺术风格。

明晚期，玉器制造中出现了制造仿古器皿的风气，陆子冈恰恰是推动这一风气发展的重要人物。明人屠隆《文房器具笺》记载：“玉者，有陆子冈制，其碾兽面锦地与古尊垒同。”这些记载说明陆子冈进行了仿古玉制造，并且用料较好，当时极为风行。

明代文学家徐渭曾在《咏水仙》中赞道：“ 略有风情陈妙常，绝无烟火杜兰香，吾昆峰尽终难似，愁煞苏州陆子冈。” 诗文不仅赞叹了陆子冈的高超技艺，还揭示了徐渭鉴赏玉器的高超水平。

陆子冈使用的是昆吾刀，他以水仙玉簪上的“刀工刻花”来模仿西汉的游丝毛雕。昆吾刀，也作锟铻刀，起源于夏代都城叫昆吾的地方。战国西汉的古人用昆吾刀是手腕之力的刻花工艺，其“游丝毛雕”的手刻线往往是在收刀时出现浅而尖细的尾线，而陆子冈是一手掌昆吾刀，另一手握木条轻轻地拍打凿刀的一端在玉上刻花，不会有冲刀的尾线。西汉晚期失传了的“昆吾刀”，居然在 1000 多年后的明代被展现了出来，而且技高一筹，确实很神奇。

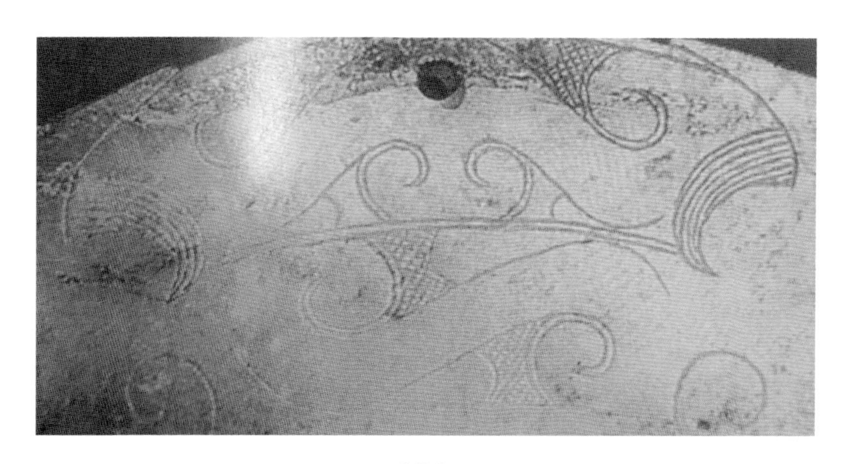

2-2-1

汉代游丝工

2-2-2

青玉婴戏纹执壶正面拓片

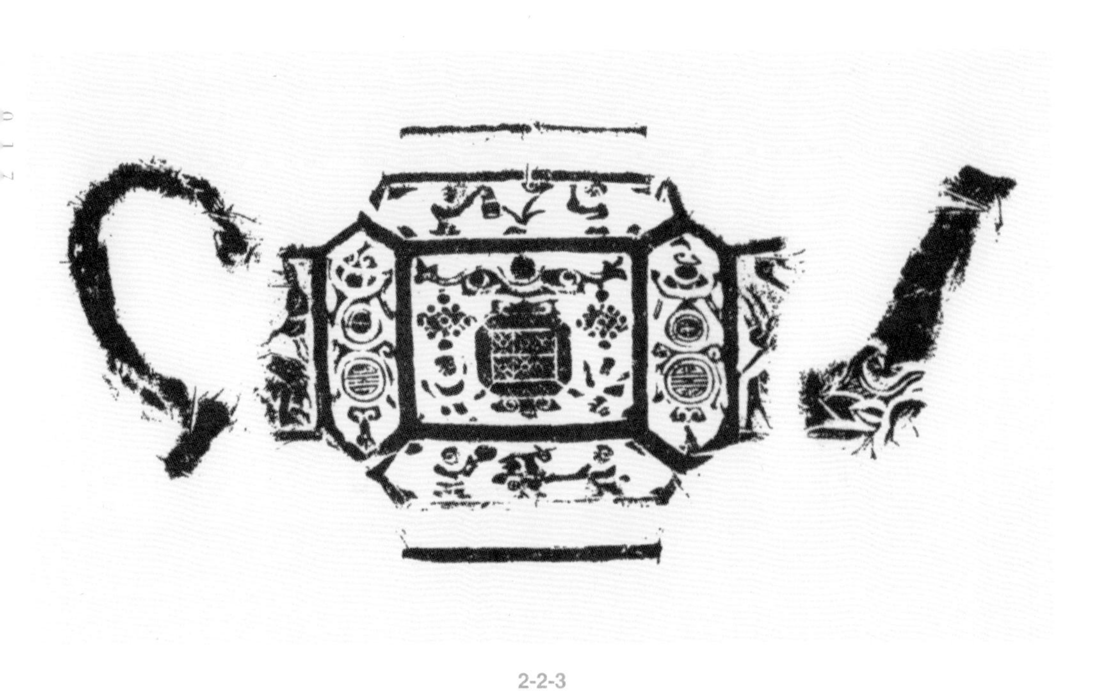

2-2-3

青玉婴戏纹执壶背面拓片

2-2-4

青玉婴戏纹执壶·明代

【故宫博物院藏】

说明 通高12.3厘米，口长3.8厘米，宽6.1厘米。执壶是倭角四方形，正背两面开光内刻婴戏纹。柄和流刻花果纹。盖纽为兽形，与盖黏合，纽底部阴刻“子冈”二字款，为明嘉靖时期治玉名匠陆子冈的作品。

2-2-5

青玉合卺杯

【故宫博物院藏】

说明　高 7.5 厘米，横宽 13 厘米。玉质呈青色，杯由两个直筒式圆形器连接而成。底部有六个兽首足，杯体腰部上下各饰一圈绳纹，作捆扎状。一面镂雕一凤作杯把；一面凸雕双螭做盘绕爬状。两螭之间的绳纹结扎口上有一方形园章，上刻隶书“万寿”两字。杯身两侧分别有剔地阳文隶书铭文、杯名及款式。

2-2-6

青玉山水人物纹方盒

【故宫博物院藏】

说明 高6.2厘米，口径7.2厘米。玉料呈青色，由盖和盒两部分组成。体呈正方形，下略收，方形圈足。盖面弧凸，上剔地阳文山水人物和行书“桃江含宿雨，柳绿带朝烟”诗句。盒与盖外壁装饰梅花、荷花、山茶花、石榴。盒底中部，在凸起的方圈内，剔地阳文“子冈”篆书款。

2-2-7

拓片（两组）

陆子冈会在自己的每件玉器落下“子冈”款。有一次皇帝召见陆子冈，要陆子冈为他雕刻一个马，并且不准落款。陆子冈回去雕刻好后将其献给皇帝。皇帝仔细查看，并让其他大臣一起查看，果然没有落款，非常高兴，于是奖赏了陆子冈。后来，一个宰相在马的耳朵里发现了“子冈制”的微雕字体，随后皇帝也发现了，但是皇帝没有生气并处罚陆子冈，反而夸奖了他。

“子冈”款玉器造型多变且规整，古雅之意较浓。目前发现的刻款，以篆书和隶书为主，有“子冈”“子刚”“子刚制”3 种。刻款部位十分讲究，多在器底、器背、把下、盖里等不显明处。据说，明穆宗曾命他在玉扳指上雕“百骏图”，他非但没有被难住，还仅仅用了几天时间就完成了。陆子冈在小小的玉扳指上刻出高山叠峦和一个大开的城门，但马只雕了 3 匹，一匹驰骋城内，一匹正向城门飞奔，一匹刚从山谷间露出马头，给人以万马奔腾呼之欲出之感. 他以虚拟的手法表达了百骏之意，妙不可言。自此，陆子冈的玉雕便成了皇室的专利品。

据说，本来深得皇帝喜爱的陆子冈，有一次在为皇帝制作一件玉雕后，将自己的名字刻在了龙头上，因而触怒了皇帝，不幸被杀。由于他没有后代，一身绝技随之失传，徒使后人望“玉”兴叹。因为工匠地位还在普通百姓之下，更无画像流传，且陆子冈没有留下他的“昆吾刀”，也没有传下他的操刀之技，他与他的玉器成了中国治玉史上不可复制的传说。“子冈”款玉器的雕刻技艺至今仍属绝技，难以仿效。清代以来不乏“子冈玉”赝品，也不乏高手仿品，但雕刻水平与“子冈玉”相去甚远。清代时，苏州玉器业就将陆子冈供奉为本业祖传，顶礼膜拜。

清——玉作及“痕都斯坦”玉器的兴起

清代是中国历史上最后一个封建王朝，也是继元朝之后的第二个少数民族贵族占统治地位的多民族大一统政权，清王朝统治共历时267年。清代在经历了前期的励精图治、中期的盛世繁华、后期的闭关锁国之后，最终沦为了西方列强争相欺凌的对象。

清代的工艺美术与明代的相似之处在于，都与市场有着千丝万缕的联系。萌芽于明代中后期的资本主义生产关系在清代继续缓慢地发展，随之而出现的民主进步思想在一定程度上冲击着维护封建集权统治的程朱理学。在这样的历史背景下，清代的治玉业可以分为3个阶段：顺治到康熙为恢复和发展期；雍正到嘉庆为鼎盛期；道光到宣统，手工艺品出现外流趋势，治玉业陷入衰败期。

清代的玉器，特别是宫廷玉器，在数量、种类、技艺、玉料等方面，都达到了历史的最高峰，特别是乾隆时期至嘉庆初年，遗存的作品之多，应用的范围之广，都是空前的。清代的玉器成就与居于统治地位的满族贵族阶层是分不开的。作为玉器主要消费者的清代皇室对玉的热爱简直到了痴迷的程度，尤其是乾隆帝，不仅爱玉、赏玉，还亲自参与玉器的设计和制作。据统计，乾隆咏玉的御制诗就多达800多首，足见他对玉的热爱已经达到了登峰造极的地步。

清代早期，由于新疆不断发生动乱，玉料来源受阻，限制了治玉业的发展。乾隆二十四年（1759年），清军平定大小和卓，重新在政治上控制了新疆。此后，大量和田玉料源源不断地进入宫廷，有些玉材甚至重达万斤。据记载，乾隆二十五年至嘉庆十七年（1760年~1812年）的52年间，清代宫廷所收新疆贡玉就达20多万斤。充足的玉料为清代玉器走向鼎盛奠定了物质基础。中华玉文化已积淀了几千年，发展到清代，南北方的治玉技巧又达到了较好的融会贯通，使清代玉器升华到了历史的高峰。

清代宫廷玉作主要是造办处，正称是“内务府造办处”。顺治初年，清政府成立了“造办处”，最初是在紫禁城皇宫内廷养心殿置造办活计处，故又有“养心殿造办处”之名，后来，养心殿造办处一直沿用下来，成了清宫内务府造办处的代称。据资料记载，乾隆二十三年（公元1758年）造办处各作坊有42作，玉作为其中之一，隶金玉作，内有雕玉匠、磨玉匠、琢玉匠。玉作专门供奉清内廷所需之玉器。另外，圆明园和紫禁城均设有“如意馆”，也是清代宫廷治玉机构，乾隆十三年（1748年）造办处档案有了“如意馆”玉器的记载。京外主要的治玉中心苏州、扬州等地的治玉产业也受到宫廷玉作的控制，并和北京多有交流互通。

清代宫廷玉匠构成多元化，从民族来看，有汉族玉匠、满族玉匠、新疆维吾尔族玉匠。造办处由民间征调来的役匠，依籍属之地分为“北匠”与“南匠”：“北匠”指北京而言，而籍贯又并非都是京籍，而是由北京、华北各省、新疆玉匠组成；“南匠”也并非专指江南，而是包括湖广闽粤、苏州、扬州等南方地区的玉匠及西洋玉匠，因为这些南匠都是南方各省官吏向中央进送的，故而普遍被称为南匠。因籍贯隶属问题，南匠又细分为“传差南匠”“供奉南匠”与“抬旗南匠”。“传差南匠”是因某种特别需要而受招募北上入京的匠人，竣工后则资遣归南，属于临时性的；“供奉南匠”则年老后始归原籍的南匠；而“抬旗南匠”乃终生隶籍内务府，永不归南。[1]

乾隆御制诗中曾这样赞扬苏州玉工：“相质制器施琢剖，专诸巷益出妙手。”[2]“南匠”的到来，为宫廷玉作注入了新鲜血液，增添了玉作相材治玉的灵活性，弥补了“恭造”技艺的不足，促成了南方治玉的细腻清雅与北方治玉的雍容大气相结合，在客观上实现了南北工艺大交流，对于实现清代中期玉器的全面繁盛起到了重要的作用。

---

① 彭泽益编：《中国近代手工业史料》，三联出版社，1957年版。
② 《清高宗［乾隆］御制诗文全集》，中国人民大学出版社，1993年版。

乾隆三十三年（1768 年），乾隆皇帝得到了一对雕刻花叶纹且胎质较薄的玉盘，他非常喜欢，并撰文考证它们的制作地为北印度的痕都斯坦。此后，进贡来的类似的玉器都被称为痕都斯坦玉。乾隆帝很喜爱这种玉器“薄如纸”的特点，认为这种技巧高超，“闻其攻玉，纯用水磨，工省而制精，尤内地所不及也”，并多次作诗咏赞。由于皇帝的喜爱，痕都斯坦玉器大受欢迎，价高利厚，并由此出现了大量的仿制品，“通体镌镂花叶，层叠隐互，其薄如纸，益加精巧”。

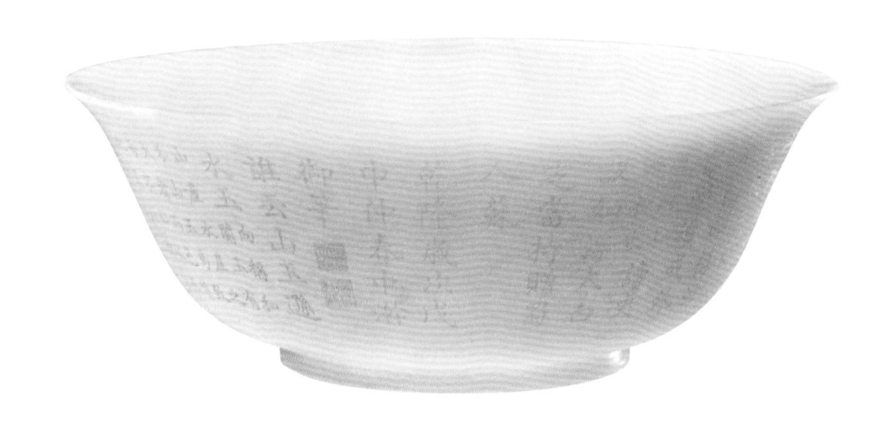

2-3-1

玉刻诗大碗

【故宫博物院藏】

说明 高 8.6 厘米，口径 24 厘米。玉料呈青色，体圆，撇口，圈足，内光素，腹外周身阴刻清高宗弘历御笔七言诗及其自注。此碗器大体薄，抛光细润，玉质精美，内容涉及采玉贩玉等情况，具有很高的历史文献价值，故极其珍贵。

2-3-2

玉刻诗大盘

【故宫博物院藏】

说明 高9.6厘米，口径65.3厘米，重约15公斤。玉料呈深碧色，体圆，撇口，圈足，光素无纹，内底阴刻隶书清高宗御制诗。玉盘浑厚持重，光洁温润，与同期内地玉器有明显差异，从诗的内容看为平叛新疆叛乱时缴获，是一件珍贵的历史遗物。

总之，经过明、清两代宫廷玉作的发展，北京治玉业逐渐形成自己的技术优势和审美风格，形成了以宫廷玉为主、民间玉作与宫廷玉作相互渗透的独特行业范式。

民间玉市与青山居

如果只有宫廷玉作的成就，北京的治玉业就会存在巨大的局限性。正是因为有了以商业为目的的民间玉作，北京的治玉业才成为了明清手工业中的翘楚，达到了它自身发展的高峰。

明中期以后，市镇经济发展迅速，直接促成了一个新的社会阶层的出现，那就是市民阶层。当时，这种社会现象在作为都城的北京和经济富庶的江浙一带尤为明显。相对于王公贵族而言，市民阶层人数众多，并且在生活态度上也更务实，审美上更世俗化。市民成了工艺品市场新的消费群体，打破了玉器市场向来单一的需求构成。民间玉作一方面出于对宫廷玉器的敬畏与攀附心理，制造了一定数量的仿宫廷玉器；另一方面为了满足市民大众对世俗生活的追求，更加注重设计创新，强调工艺美、装饰美，玉器的商品特性凸显。

明代对手工业采取比较宽松的税收政策，也在客观上推动了明代民间手工业的发展。明中期，北京的民间玉作坊数量增多，一方面是因为明代资本主义经济的萌芽，另一方面是因为治玉工具的改进与治玉技术的成熟，还有一个更重要的原因是政府对于玉料管理的松弛乏术，导致大量的玉料通过走私和贩卖进入内地民间市场，而且这其中不乏优质玉料。据记载，当时北京城中几家规模较大的店铺每年出土的玉料就达5000斤。[1]这与明代宫廷玉料，尤其是优质玉料相对缺乏，形成了鲜明的对比，也印证了明代北京民间治玉业的活力。

清代民间玉作也十分繁荣。在清宫造办处如意馆活计多时，为应急可以临时雇佣民间玉匠。明代及清代早期，北京地区的民间玉作，一般只是承做一些小型的活计，供商人、文人雅士等把玩。乾隆五十四年（1789年），北京玉器业行会建立，设琉璃厂小沙土园长春会馆为玉器业行会的议事场所。这说明当时北京的民间玉作已经很有规律，并且相当发达。

① 刘若愚：《明宫史》，北京古籍出版社，1980年版，第66页。

在谈到北京民间治玉时，首先要提一下“琉璃厂”，它还有一个名字叫“海王村”。海王村在辽金时就有了，元代建大都时，曾在此烧制琉璃瓦，于是就有了“琉璃厂”之名。明代以前，琉璃厂只是一个烧制琉璃制品的手工艺中心；明代以后，琉璃厂逐渐成为一些文人的聚集地。文人出于对生活“雅趣”的追求，有的就给自己的居所起了斋号，挂上个人字画，以文会友，共同切磋技艺，渐渐有了商业贸易。乾隆年间，因修《四库全书》，琉璃厂书市得到了较大的发展，奠定了北京文化商业的基础。

2-4-1

海王村厂甸庙会

明末清初，北京城内还没有单独的玉器市场，玉器当时是依托古董店铺经营的，古董店的货物品类众多，既有珠宝钻石，又有文玩字画等。到了清朝乾隆年间，琉璃厂火神庙内有了珠宝玉器市，每年正月初四至十五准许摆设玉器摊。但这个庙市是直接把玉器卖给用户

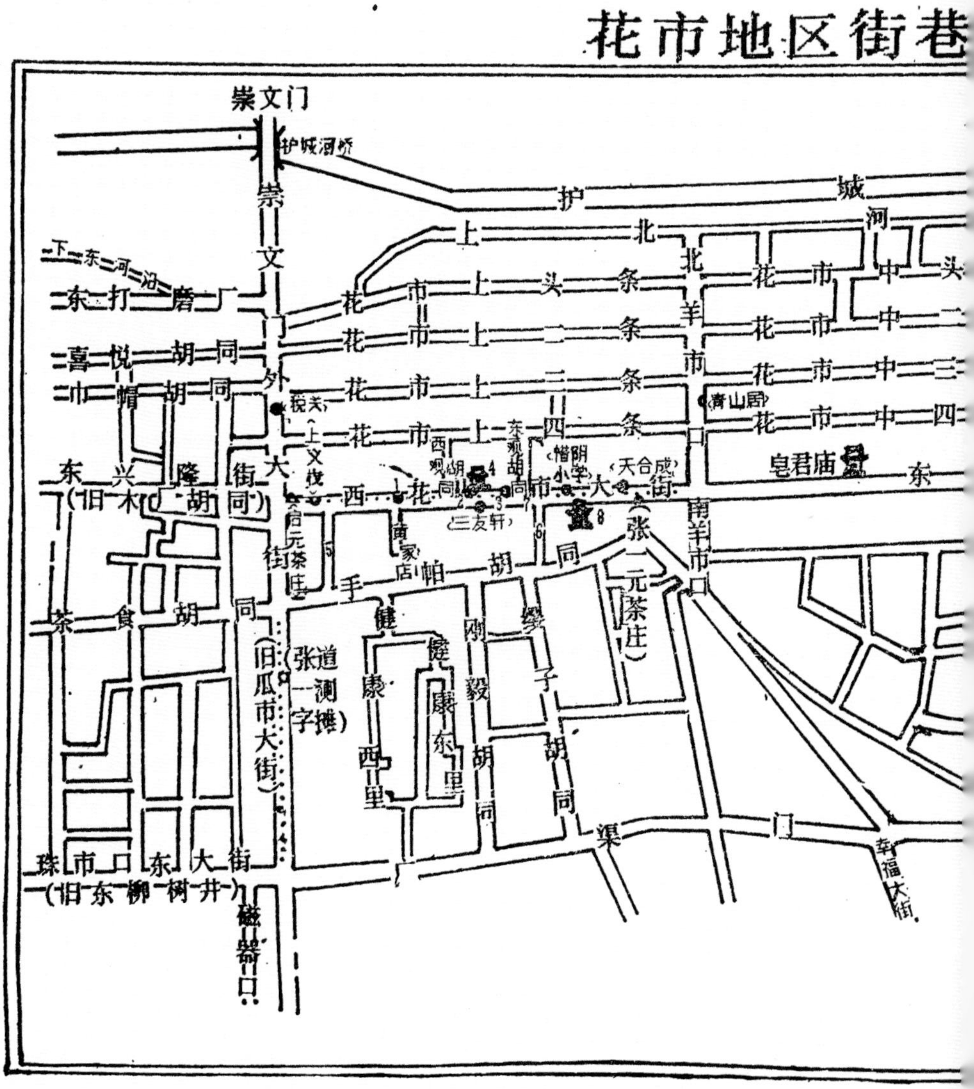

花市地区街巷

（据传只许三品以上的官员及其眷属进入选购），并不是玉器业商人相互交换行情和交易的地方。由于玉业的兴盛，北京的玉器交易也逐渐增多，于是在崇文门外药王庙路北开设了一个专门供玉器行切磋交易的场所，起名琳琅馆，这是北京历史上第一家玉器市场。

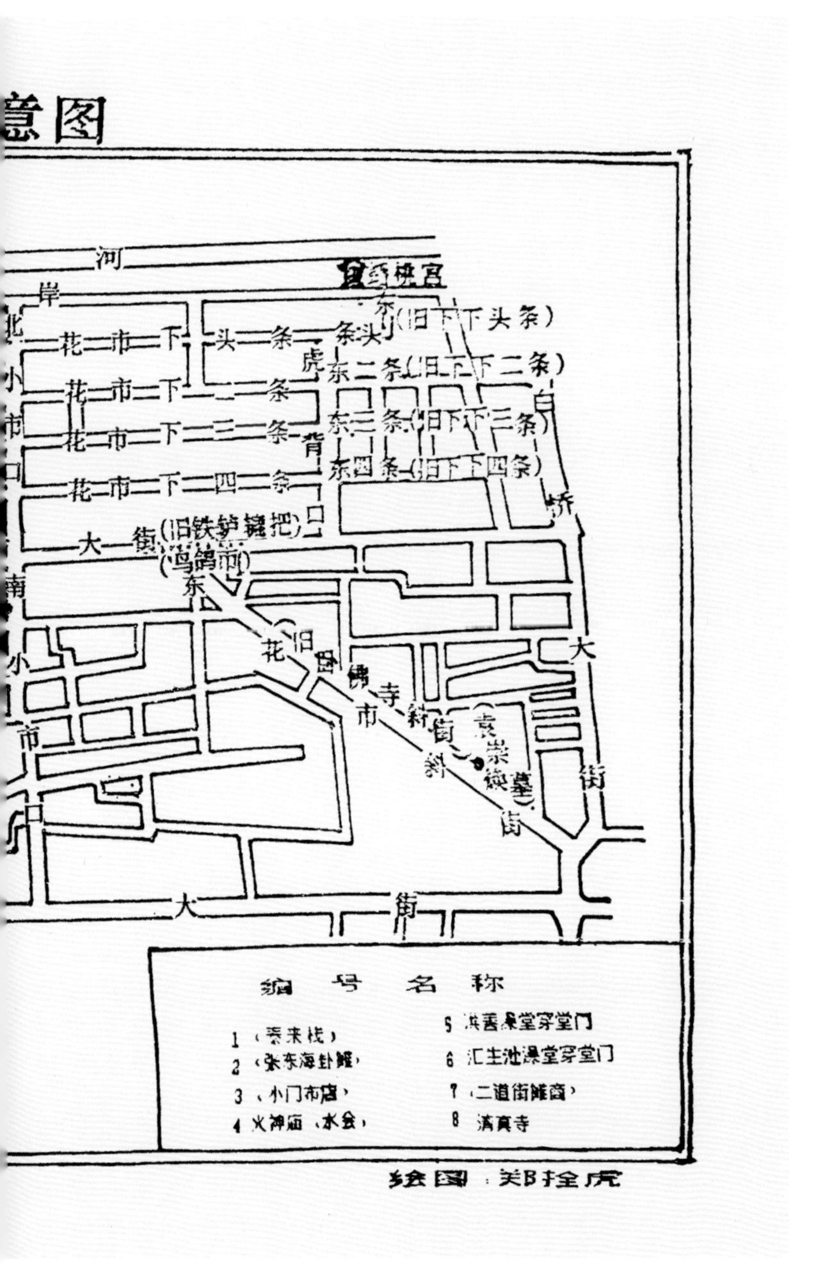

2-4-2

花市地区街巷示意图

清朝末期，道光帝“治尚恭俭”，先是下令停止了新疆每年的玉贡，又责令如意馆和造办处不准做大件玉器。鸦片战争后，造办处被毁，玉器生产一度停止。同治年间，大部分清宫玉作艺人散居于市，自谋生计。少数有经济条件的艺人开办了自己的玉作坊，大多数艺人只能为玉作、洋行做计件散活为生。光绪年间，花市一带逐渐成为北京主要的玉器作坊聚集地和主要玉器交易市场。商业氛围的浓厚带动了茶馆酒肆的生意，茶馆在当时市民阶层的生活中是一个重要的社交场所，在这样的背景下，青山居玉器市场开始了它的兴盛时代。

据说“青山居”最早是前清时期一个鞠姓山东人开的黄酒馆，由于地理位置优越，加上经营得当，一直生意兴隆，后来慢慢改为茶馆，兼卖酒水。由于琳琅馆地处偏僻，越来越多的玉器商人喜欢在青山居边喝茶边聊生意，青山居主人也看到了这里面的商机，为玉器交易提供便利。后来，琳琅馆玉市索性直接搬迁到青山居茶酒馆了。

1922年，青山居被改建为专门的玉器市场，最初只有30几个摊位，后来京外和本地洋行做珠宝生意的商人越来越多，青山居的空间无法满足市场的需求，于是在北羊市口南段的上四条胡同里逐渐有了玉器摊商。每天早晨6点左右，一些商贩就支起临时货摊，有的还用苫布搭起简易凉棚，多达三五十个，一直到上午九、十点钟收摊。

1935 年，有人把靠近上四条东口的一家织布厂的场地买了下来，盖起了摊贩场棚，原来在上四条一带露天摆摊的玉器商贩都搬进了棚里，仍然是每天上午进行交易。因为玉器市兴起于青山居茶酒馆，所以这里仍沿用了“青山居玉器市场”的旧称。解放后，摊贩联合会成立，还建立了互助组，由联营发展到公私合营，青山居玉器市场划归北京市特种工艺品公司管理，改称“北京市特种工艺品公司青山居综合市场”。1963 年该市场被撤销。

明 · MING

清 · QING

第三章 CHAPTER 3

玉器分类

明

明代玉器种类繁多，玉器使用涉及到社会生活的各个领域。作为明代最重要的治玉中心，北京的玉器类型众多。本书参考定陵等北京地区明代重要墓葬出土玉器报告和《中国玉器全集·5·隋·唐—明》（杨伯达 主编，河北美术出版社，1997 年版）中，收录的北京故宫博物院馆藏明代玉器，将北京地区现存明代玉器分为 3 大类。

礼仪用玉

明代朝廷玉礼器主要为圭、璧、琮。万历帝定陵出土的玉圭有 8 件之多。从纹饰上看，明代玉圭大致有 5 种。第一种是尖首无纹饰者，如定陵这类圭形硕大，圭体为长方形玉版，琢磨规矩，工艺严整，与汉制玉圭无大区别。第二种是谷圭，如定陵圭体两面浮雕乳钉状谷纹，谷纹排列有序，有些还留有明显的管钻痕，风格粗犷。明代的“谷圭”兼有祭祀和贵礼的功能。第三种是刻蒲纹圭，这类玉圭的做工相对粗糙，可能专为祭祀所用。第四种是刻竖条纹玉圭，也叫双植纹圭。如万历陵所出者，正面中间起脊，两侧各有一道凹槽，槽内突起一条抹角圆棱。这是皇帝着皮弁服时所用的玉圭。第五种是刻四山纹圭，此圭是皇帝服冕服祭天地时所用的镇圭。

明代宫廷服饰用玉包括玉带板、玉带钩、玉带环等。现存于北京故宫博物院的白玉镂雕蟠龙纹带板共 20 块，是洪武二十六年（1393 年）立制后之玉带，碾工精工细腻、蟠龙遒劲生动，是传世玉带的精品之作。除此之外，明代后妃及亲王妃等皇室女性均有玉圭与玉带、玉佩等，配套组合为礼仪玉器，在某些典礼活动中佩执，死后往往敛于其棺内。

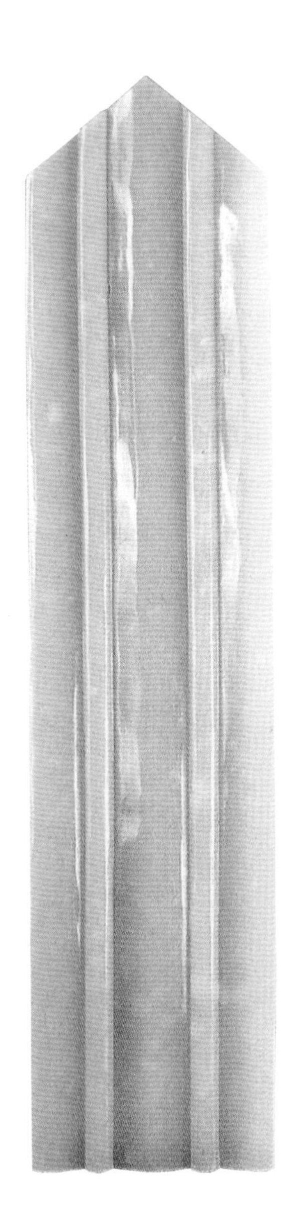

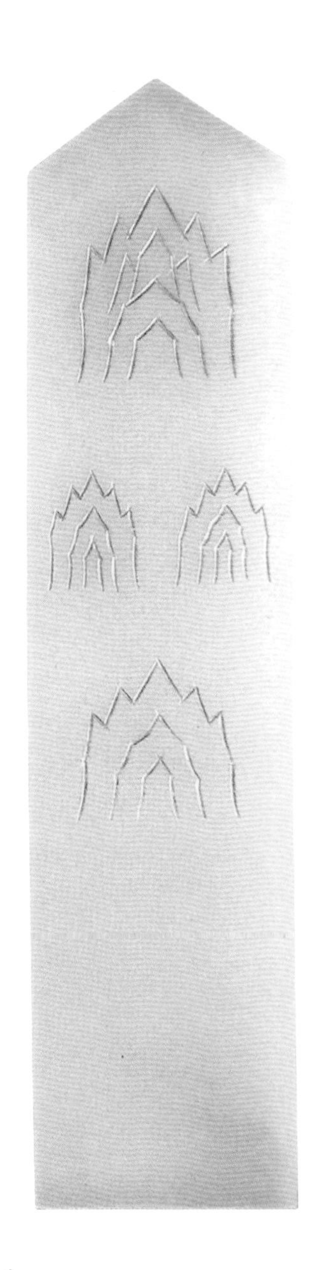

3-1-1

明代青玉四山纹圭

【北京市定陵博物馆藏】

说明 两件玉质皆青色。体扁，上尖下平。左图上部阴刻四组山形纹，右图通体凸起两道相同且平行的弦纹。出土时，两件皆内包藏锦，外套织锦。

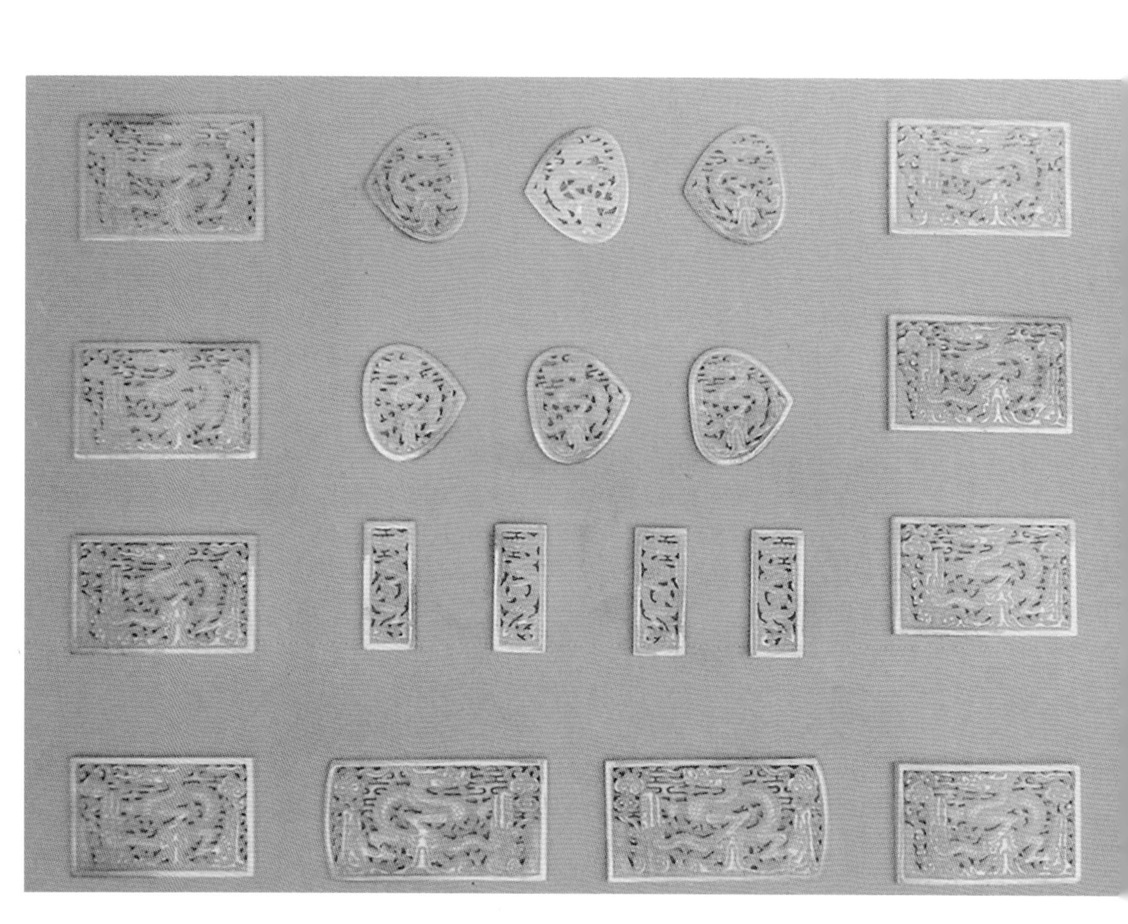

3-1-2

白玉镂雕蟠龙带板

装饰用玉

玉装饰品首先是指用于人体佩戴的玉配饰，另外因为陈设品有装点环境的作用，故也被归入装饰用玉一类中。

明代首饰的特色在于“金镶玉”“金镶宝石”，制成金镶玉嵌宝石首饰。玉镯是最常见的饰品之一。明玉镯多见装饰，如联珠纹、绳索纹、竹节纹等。玉簪在明代十分兴盛。定陵出土的孝端皇后生前所用白玉镂空寿字镶宝石金簪，华贵典雅；孝靖皇后生前所用镶珠宝玉花金蝶鎏金银簪将多种珍贵材料聚于一体，既和谐统一，又不失雍容华贵。这两只玉簪是明代首饰的代表作。

3-1-3

镶珠宝玉花金蝶鎏金银簪

3-1-4

白玉镂空寿字镶宝石金簪

【北京市定陵博物馆藏】

说明 中：通长 13.5，顶长 9.3，宽 6.7 厘米。玉质洁白无瑕，细腻莹润，以黄金嵌红蓝宝石，猫眼石组成“寿”字形簪顶，工艺精湛，雍容华贵。金簪背面杆上阴刻“万历戊午年造”六字。

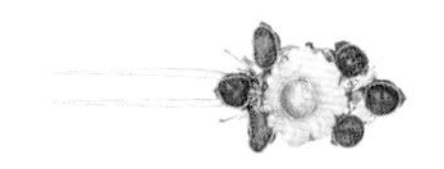

明代陈设玉器有炉、樽、瓶、罐等多种形式，相当一部分都是以青铜彝器为范本制造的，具有敦厚庄严、凝练沉稳的艺术风格。陈设玉器包含广泛，肖生玉雕及大件酒具也可以作为陈设之用。如高达34厘米的玉寿字壶，既可以当作陈设，也可以用作玉器皿。受到文人“雅趣”的影响，陈设玉器上出现了前所未有的诗书画印艺术。北京故宫博物院收藏的“子冈”款茶晶梅花花插，就是一件受到当时书画界盛行的梅兰竹菊四君子画的影响而带有文人意趣的作品。

3-1-5

青玉甪端香薰炉

【故宫博物院藏】

说明 通高10.05厘米。玉料呈青色，炉和盖合为一个昂首的甪端（一种神兽），前两足上各浮雕一夔龙，后两足上各浮雕一凤鸟，间饰云纹。炉中空可贮香料，香气从甪端口中溢出，既实用又有辟邪功效。

3-1-6

玉寿字壶

【故宫博物院藏】

说明 通高34厘米，通宽29厘米，口径8~11厘米。玉料呈青色，体扁圆，宽腹，圈足略外撇。器由盖和壶体两部分组成。壶口呈长方委角形；颈的正背面于凸起的长方形块上各饰一“寿”字；腹部两面隐起人物纹，间点缀松、竹、梅和灵芝等；螭形把，把上镂雕一立态的夔龙。盖顶端琢一坐态的寿星，身旁有一鹿。此器文图都以长寿为主题，是明代晚期的典型作品。

玉肖生也是陈设玉器的一种。在明代玉器中，经常可以见到辟邪类的玉兽形象，如甪端、麒麟、鹿就是常见造型。青玉甪端香薰是歌颂君主之物，所以在明、清两代宫廷里多用它做陈设。另外，现实生活中的家畜形象也是玉肖生的主要题材，包括牛、马、猪、狗、羊等。玉肖生可以用作案几陈设，也可供人欣赏把玩。

日常生活用玉

日常生活用玉主要涵盖器皿、文具两类。

明代出土的玉器皿主要集中于皇家。万历帝定陵出土了大量的玉器皿，有玉碗、玉盘、玉盆、玉壶、玉盂、玉爵、玉炉等，其中万历帝生前曾使用过的金托玉执壶、金托玉爵、白玉盂、金盖托玉碗是皇家玉器的代表。明中期传世器皿众多，并出现了一些新的玉器皿形式，如，带有“喜”“寿”等寓意的器皿，这是随着明代玉器世俗化而出现的创新。还有一种竹节式执壶的出现，反应了明中期文人崇尚清高、孤芳自赏的生活态度。这种执壶即可饮茶又可饮酒，为文人骚客所推崇。在明晚期器皿中，最富有时代感的莫过于壶、杯两类，这也在一个侧面反映了明社会风俗的变迁。

3-1-7

青玉竹节式执壶

【故宫博物院藏】

说明 通高12.4厘米，口径8.5厘米。玉料呈青色，体圆，作三节竹筒状，底、盖皆平。典雅精巧，寓意吉祥。

3-1-8

金盖托玉碗

【北京市定陵博物馆藏】

说明 器由玉碗、金碗盖和金托盘组成玉碗呈青白色，圆形，撇口，圈足，内外光素无纹。碗盖黄金质，顶饰仰莲花型纽，通体镂雕龙草纹。碗托黄金质，圆盘状，中央有一凸起圆圈，用以固定玉碗，盘边沿饰云纹，盘底饰线刻龙纹。

玉一直为文人所推崇，以玉制造文具的传统也由来已久，但在元代之前，玉文具的使用范围还不是很广泛，玉文具大量出现在明代。由于明代商品经济的发展，玉器市场的需求量大增，文人、官绅争相搜集玉器，这种潮流为玉文具的大量出现提供了条件。考古发掘到的明代的玉文具数量不多，大量的玉文具为传世品，尤以北京故宫博物院收藏的种类最全，常见的有臂格、笔杆、笔山、笔洗、砚滴、水丞、印盒、墨床等。

总之，明代部分玉器是兼有多个功效的。如上说述，作为皇室礼仪用玉的玉圭、玉带、玉佩等，同时也可以作为配饰归入装饰品大类。一些大型酒具、花插既可以作为陈设品装点居室，又可以为日常生活所用。同样，玉雕文具也经常作为陈设品使用。

清

北京地区出土的清代玉器数量并不多。北京故宫博物院馆藏的清代玉器可分为礼仪用玉、装饰用玉、日常生活用玉 3 大类。礼仪用玉涵盖了朝廷所用玉礼器和宫廷服饰用玉；装饰用玉包含了配饰与陈设 2 个小类；日常生活用玉包括了器皿、文具、家具 3 个小类。

礼仪用玉

清代虽是少数民族政权，但是统治者积极吸收汉族文化，在礼仪用玉方面继承了儒家的尊玉传统，礼天祭地的玉器仍以圭和璧为主，丹陛大典用的玉磬也是清代礼仪用玉的重要组成之一，带有满族文化特色的朝珠和领管更是清代礼仪的代表之物。

朝珠是清代朝服上佩戴的珠串，用以显示佩戴者的不同身份和地位。朝珠的佩戴有着严格的规定，只有达到一定级别的官员及他们的妻室儿女才可在觐见朝廷时佩挂朝珠，平民一律不准佩挂。朝珠的材质、颜色、大小均与佩挂者的身份、地位相匹配。翎管是清代官员礼帽上特有的装饰品，是插饰花翎的饰物。清初，花翎极为贵重，汉人及外任文臣极少有赏戴花翎者，只有宗室成员和获得功勋者，皇帝才会赐花翎以表荣誉，是身份、地位的象征。但是清朝后期，花翎的使用逐渐混乱，已失去了礼仪用玉的意义。

3-2-1

青金石朝珠

3-2-2

碧玺朝珠

装饰用玉

玉装饰品首先指用于人体佩戴的玉配饰。另外，因为陈设品有装点环境的作用，故也归入装饰用玉大类中。

清代玉配饰除了继承传统的式样，如发簪、发箍、手镯、玉佩、香囊外，还增添了富有满族特色的新造型，如朝珠、扳指、扁方、领管等。玉配饰非常注重玉料的选择和色泽的利用。

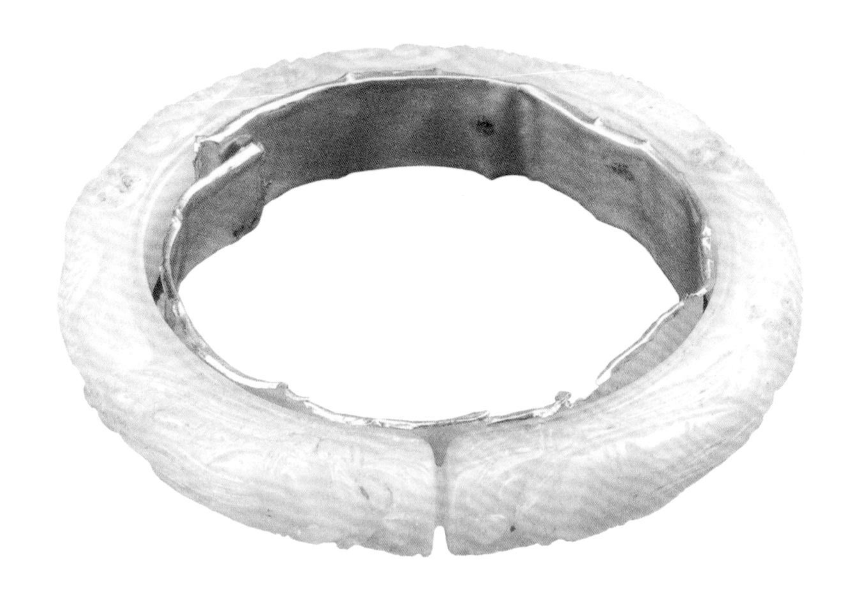

3-2-3

镶金玉镯

【首都博物馆藏】

说明 直径7.5厘米。青白玉质，细密坚硬，莹润略有瑕点。以单、双阴刻线琢刻出龙首相对的两条龙，龙嘴平齐，双角，龙鳞以细密的格子纹饰，手镯内壁镶有金里，出土后仍有较好的光亮度。

清代很讲究空间布局，玉陈设品自然成为了装点空间的上佳选择。无论是宫廷还是民间，玉陈设都取得了相当的成就。陈设用玉器即可烘托氛围，部分还具有使用价值，清乾隆时期的陈设造型多样，制作精美，包括人物、动物、树木、花果、摆件，还有插屏、座屏等，陈设玉器或放置于多宝格中，或列于条案、条几上，对于空间的装点作用是十分明显的。居室几案上放置的陈设品，一般有仿古玉尊、玉彝、玉簋、玉鼎、瑞兽等，风格多样。当然，清代最有名的陈设品还要数“玉山子”，即利用玉石的自然形态雕琢的大型山水人物作品。清代最有名的玉山子是《大禹治水图》，气势恢弘、设计精巧，是清代巨型玉雕的代表作，也是我国历史上的玉雕佳品。

3-2-4

大禹治水图及局部

日常生活用玉

清代口常生活用玉数量众多，造型多样，艺术成就斐然。一方面出于对玉文化的由衷热爱，另一方面为了彰显自己地位的尊贵，清代皇室制作了大量的玉器来满足日常生活的需要。这些玉器不仅作工精美，而且选料优良，常见的有餐饮器，如食盒、盏、壶、盘、碟、盆、碗等。其中，青玉素面御制诗盘和薄胎碧玉菊瓣盘可谓盘中精品。在乾隆时期制造的白玉错金嵌宝石碗，玉若凝脂、洁白无瑕，外壁错金蔓草纹，其间用红宝石嵌花，里壁镌刻御题诗句，也是代表性的作品。

3-2-5

白玉错金嵌宝石碗

除饮食器外，室内用具也占有相当的比例，如香薰、烛台、奁盒、唾盂、花插等。香薰内可置香料来改善室内空气，奁盒主要用于盛放梳妆、美容用品，花插既可以当实用器物又可以做摆设。总之，这些玉器造型都与人们的日常生活紧密相关，充满了浓厚的生活气息。此外，鼻烟壶和烟嘴也是清代重要的日用玉器小件，并且在清代后期成为民间的流行物件。

3-2-6

玉镂空花熏

【故宫博物院藏】

说明 花熏由盖、器、托和座四部分组成。盖与器皆为碧绿色，托为青玉质，座为铜胎掐丝珐琅。浑然一体，造型新颖，工艺复杂，制作精巧，是当时镂空玉器的代表作。

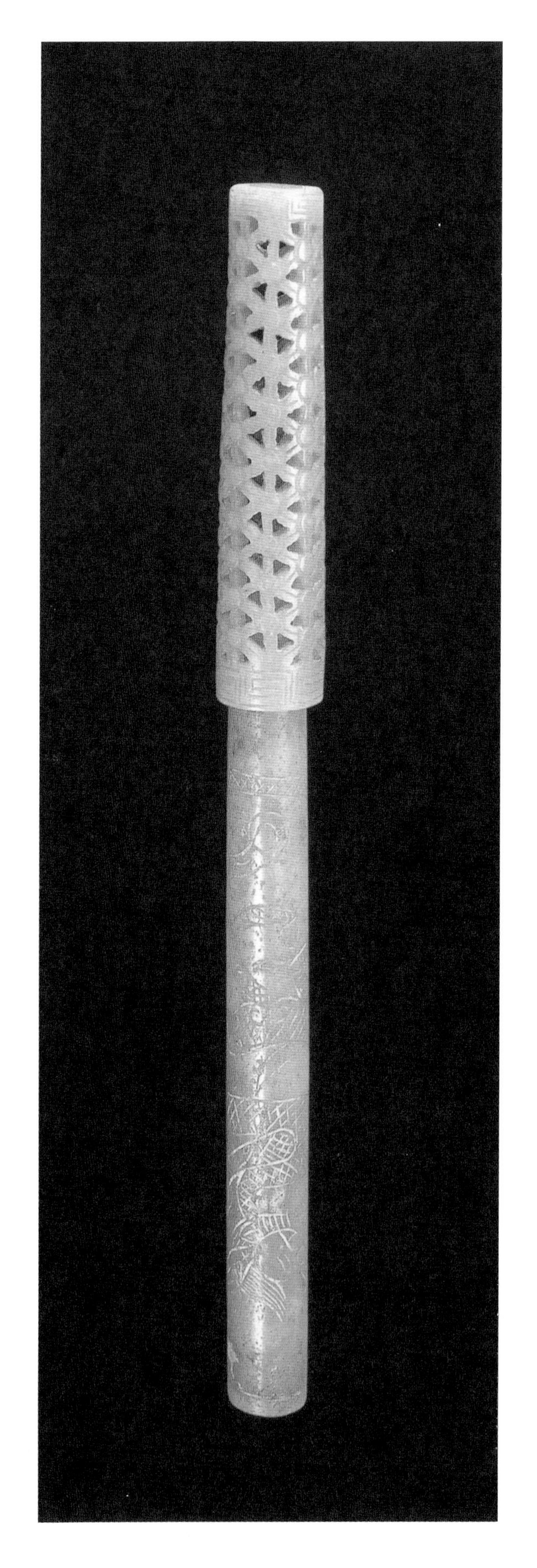

3-2-7

玉笔

【首都博物馆藏】

说明 通长21厘米，笔帽径1.8厘米。青玉质，笔杆顶端平，通体阴刻一飞龙，龙身有鳞，张口露齿，长发后飘。笔帽镂空六角形花纹，两端阴刻细回文。

玉文具在清代得以继续发展，主要有笔筒、笔洗、笔架、水盂、墨床、镇纸等。其中，笔筒和笔洗侧重于稳重的风格，而笔架和镇纸则偏于灵巧。玉文具不仅能作为日常书画的工具，有时也单独作为陈设品，只供欣赏。

玉家具是清代颇为兴盛的玉器类型。工匠以硬木为框架，将各种颜色的玉琢磨成花纹图案，镶嵌在木框架中。常见的玉家具有屏风、宝座、插屏、挂屏、床、榻、桌、椅等，很多大型玉家具常由多块玉片拼接而成，衔接处理得自然巧妙，很难看出痕迹。此外，浮雕人物、山水做成玉插屏，在当时已很流行。玉插屏汉代已有出土，但在明清之际才兴盛起来。

3-2-8

雕风嵌玉屏风宝座

3-2-9

和田青玉五供

清代的宗教用玉也十分广泛，在宫廷与民间皆有影响，常见的有玉造像、五供、七珍、八宝、钵盂、以及香炉等。现在，我们可以看到的有取材于佛教的玉菩萨和玉佛。玉造像对玉质有较高的要求，为了达到造像的生动，玉质必须纯净、无绺裂和杂质。清代的宗教玉器是清代社会生活的写照，因此，也归入生活用玉的大类中。

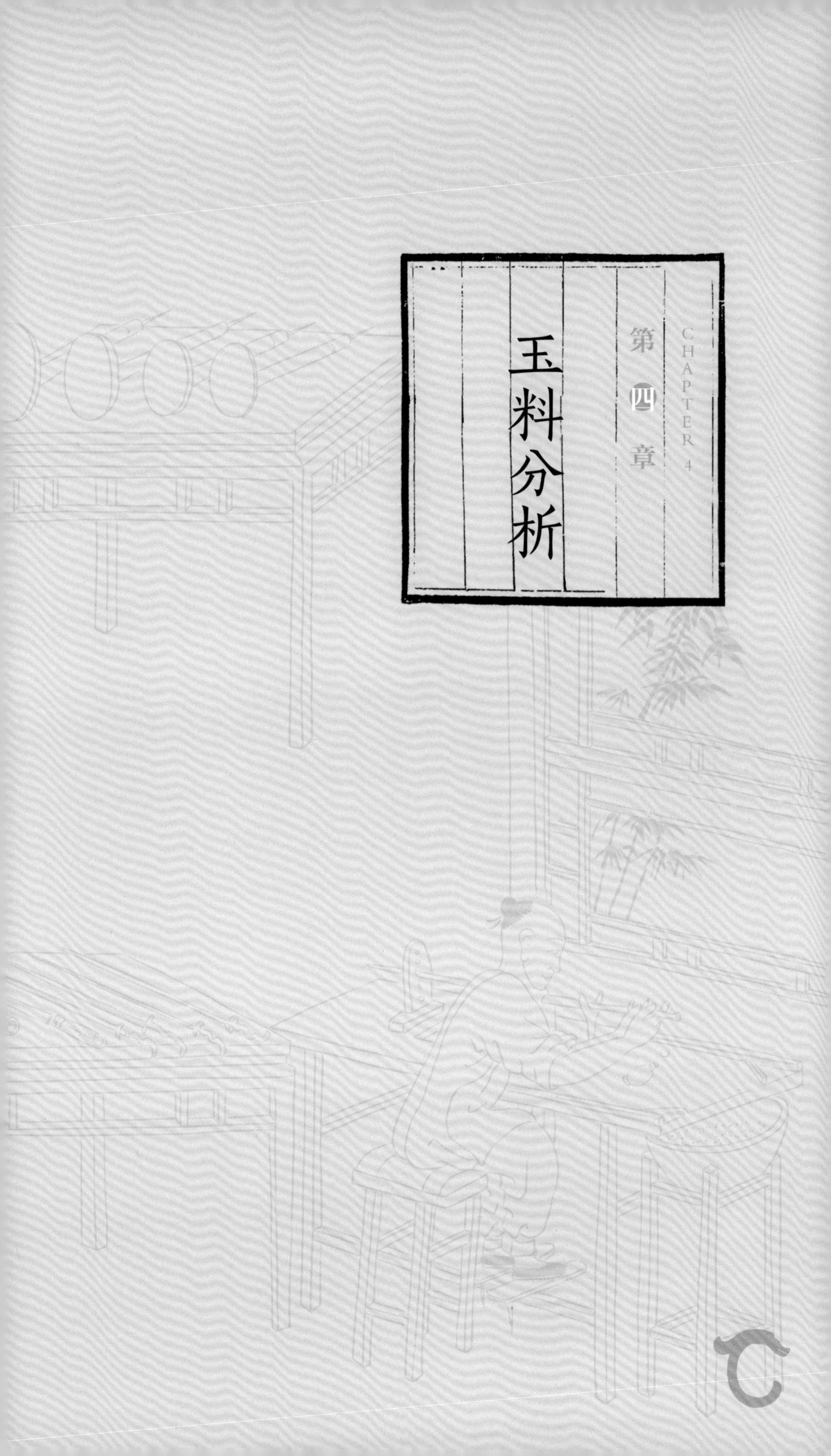

第四章 CHAPTER 4

玉料分析

明代玉料的采制及选择

明代在玉料的选择上，继承和进一步发扬了中国传统的用玉观念及选择玉料的方式，延续了中国古代的用玉体系，在玉料选择上以新疆玉中的和田玉为上。新疆地区自古就以产玉而闻名。据研究，新疆玉料的开采历史长达五、六千年，最迟在商代，新疆玉料就已大量进入内地，战国之后，新疆玉料就成为各历史时期玉料的主流。这一情况一直延续到了明代，对此，明代文献多有记载。宋应星在《天工开物》中写道："凡玉入中国，贵重用者尽出于阗。"[1]曹昭的《格古要论》中有关于新疆玉的记载："玉出西域于阗国，有五色，利刀刮不动，温润而泽，摸之灵泉，应手而生。"[2]从以上两则记载可知，新疆是明代玉料的主要来源地，同时也说明了和田玉在质地方面要优于其他地区所产之玉。

和田玉是产于新疆和田、莎车、且末等地的软玉，主要分布在阿尔金山脉和昆仑山脉。按其产出情况，可以分为 3 类：山料玉，即原生玉石矿藏；山流水，指山料玉被水带到山下者，属山麓堆积型玉石矿藏；子玉，系由流水多年冲刷而成者，属于冲积型玉石矿藏。明代使用的新疆玉料多为籽料。在明代文献中有关于区别两类玉料的记载，高濂在《遵生八笺》中写道："今时玉材，较古似多，西域近出大块劈玉料，谓之山材，从山石中槌击取用，厚非于阗昆仑西流水中天生玉子，色白质干，内多绺裂，俗名江鱼绺也，恐此类石若水材为宝，更有水玉，美者白能胜玉，内有余糁点子可以乱真，低于水料一等矣。"[3]

① 转引自桑行之等编：《说玉》，上海科技教育出版社，1993 年版。

② 同上。

③ 同上。

由于和田玉产地不属于明朝的统治区域，所以，明代宫廷治玉的玉料来源主要靠朝贡和贸易两种渠道。据记载，洪武元年（1368 年）明太祖欲制玉玺，时有西域商人从海道贡献和田玉[1]。永乐四年（1406 年）吐鲁番万户赛因帖木尔遣使进贡玉璞[2]，之后西域各国进贡玉石者众多。据《明史·西域传》记载，先后向明朝进贡玉石的有撒马尔罕、别失八里、把丹沙、黑娄等，这些玉材都取自和田。然而，进贡给明朝廷的玉料似乎并不尽如人意。《明史》记载，景泰七年，撒马儿罕贡玉石，礼官奏："所贡玉石，堪用者止二十四块，六十八斤，余五千九百余斤不适于用……"可见，真正可用的玉料并不充足。

明朝官方史籍对和田采玉的记载很少，反而是宋应星的《天工开物》对古代和田采玉方法记载比较详细，成为我们了解明代采玉技术的重要依据。书中有这样的记载："凡玉映月精光而生，故国人沿河取玉者，多于秋间明月夜，望河视玉璞堆聚处，其月色倍明亮；凡璞随水流，仍错杂乱石、浅流之中，提出辨认而后知也。白玉河流向东南，绿玉河流向西北。亦力把力地，其地有名望野者，河水多聚玉，其俗以女人赤身没水而取者，方阴气相召，则玉留不逝，易于捞取，此或夷人之愚也。"[3]

① 《明史》卷六七《舆服志》，中华书局标点本，第 1657 页。

② 《明史》卷三二九《西域传》，第 8529 页。

③ ［明］宋应星：《天工开物》（第三卷），甘肃文化出版社，2003 年版，第 417 页。

4-1-1

《天工开物》中的采玉图

白玉河
于闐國

明万历三十一年（1603年），葡萄牙籍耶稣会会士鄂本笃由印度出发游历到中国新疆，在1603年～1604年的2年时间里亲眼目睹了叶儿羌、和田等地的采玉情况，为我们留下了和田山料玉开采方法、矿权所有和租赁方式的记载。[1]

自明以来，多数鉴玉者认为水料比山料要好，因为水料泡于水中，常年湿润而使玉料更有温润感。其实，山料也有无绺少纹的好料。明代在使用玉料方面，不仅注意了山料与水料的差别，在同质玉中，又十分注重对色泽的甄选。在中国一贯的用玉制度中，对玉色有着严格的规定，不同颜色的玉代表着社会地位的差别，明代继承了传统的选择玉色的观念。宋应星在《天工开物》中写道："凡玉，唯白与绿两色，绿者中国名'菜玉'，其赤玉、黄玉之说，皆奇石琅玕之类，价不下于玉，然非玉也。"[2] 其主张将玉分为白玉、绿玉两类。但是，现存的明代玉器多为青玉，定陵出土的碧玉嵌宝石带钩真正属于绿玉。而高濂《遵生八笺》中也有对玉材品评的文字，他认为："玉以甘黄为上，羊脂次之。"[3] 羊脂白玉已属玉材中的上佳材料，高濂把黄玉摆在了更高的位置。在出土与传世的明代玉器中，都很难发现黄玉作品，可见，在明代，黄玉是珍贵难得的玉料。

① 《利玛窦中国札记》，中华书局，1983年版，第549~550页。

② ［明］宋应星：《天工开物》（第三卷），甘肃文化出版社，2003年版。

③ 转引自桑行之等编：《说玉》，上海科技教育出版社，1993年版。

北京地区的明代玉器主要出土于以下地方：昌平区的十三陵定陵地宫、海淀区的北京市商学院工地明代太监墓、魏公村中央民族大学工地明代太监墓、青龙桥董四墓、北京师范大学工地清代黑舍里氏墓以及圆明园遗址，、宣武区右安门外的明代万贵墓、广安门外天宁寺、密云县清代乾隆皇子墓等。

研究测定表明，以上墓葬出土的明代玉器以和田玉为料的占绝大多数。和田玉的主要化学成分是钙镁硅酸盐，呈纤维束状结构、交织结构和毡状结构，呈块状或卵状构造，硬度摩氏 6~6.5 度，密度 2.9~3.1，呈油脂光泽，在偏光器中折光率 1.606~1.632、点测法测试折光率一般为 1.62。和田玉质地细腻坚韧、光泽柔和、颜色均一、光洁如脂，略具透明感，在玉器的抛光面上可以明显见到纤维变晶交织结构，质地不透明至微透明。明代使用的和田玉主要有以下几种颜色：白玉（包括白玉中的极品羊脂玉）、碧玉、红玉、绿玉、翠玉、浆水玉等。

定陵出土的玉器是明代玉器的代表，无论在玉料还是工艺方面都应该是明代治玉的最高水平。定陵出土的玉器所用玉料以和田玉为主，其中又以白色的和田玉用得最多。最上乘的白玉被称为“羊脂玉”，其质地洁白、温润细腻、宛若羊脂。定陵出土的玉碗、玉耳杯、玉带板、玉带钩、玉镇圭、玉佩、玉璧、玉花、玉人、玉兔都取材于羊脂玉。定陵还出土了用和田白玉制作的玉壶、玉爵、玉盆，其质地与温润程度比之羊脂玉都略逊一筹。还有一种普通的和田白玉，颜色发乌，出土有以此玉为原料的玉佩一副、玉谷圭一副、玉礼器一副，用得较少。同类的玉器用的玉料也不相同，如玉圭、玉佩，有的是很好的玉，有的则比较差。定陵出土的和田碧玉制品有素面碧玉圭、玉带、玉带钩、玉蝉、玉花，质地晶莹、颜色碧绿。出土的和田红玉和绿玉主要用于装饰，如红玉花、红玉鸳鸯、红玉桃等小件饰物。绿玉颜色鲜于碧玉，出土物品有绿玉蝶、玉蝉、篆文寿字、擅字等小件。定陵出土的浆水玉和菜玉不是作为器物之用，而是整块石料。出土了一件玛瑙带钩，通体呈白色并均匀有黑褐色斑点，细腻莹润，造型为羊首，两只“羊角”随器形向后弯曲，生动自然，曲线流畅优美，钩的背后有一个圆形纽。此带钩出土于万历皇帝棺内。[1]其他几个墓葬出土的明代玉器基本是白玉、青玉，或者介于二者之间的青白玉，还有就是碧玉。

除了上所述几个墓葬出土明代玉器之外，北京故宫博物院也有馆藏明代玉器，它们在玉料选择上也以和田玉为主，偶有茶晶、玛瑙制品。

① 中国社会科学院考古研究所、定陵博物馆、北京市文物工作队：《定陵》，1990年版（上册），第186~189页

4-1-2

金托玉爵·定陵出土

【北京市定陵博物馆藏】

说明 通高14.5厘米，金托盘1.5厘米，直径19.7厘米，重499.5克。玉料呈青色。体略呈椭圆形，杯作仿古青铜爵。口沿有一对凸纽，镂雕一龙为柄，底有三个牙形足，周身饰仿古纹。玉爵底托为金盘，盘中央凸起为山形，盘内饰龙纹，嵌各种宝石。

清代玉料的采制及选择

与明代相比，清代的宫廷玉料与民间玉料有更为清晰的分野，清代宫廷玉料首选产自新疆的和田玉及叶儿羌地区的优质玉料。乾隆二十四年（1759）清军平定了新疆准葛尔和回部的叛乱，获得新疆地区的统治权，这解决了长期困扰中原内地的玉料缺乏问题，此后，和田玉料得以大量进入清代宫廷。

清朝政府非常重视和田的采玉、贩运和进贡。采玉规定几经变革，大致经历了民采（1761 年以前）、官民合采（1761 年 ~1821 年）、民采（1821 年以后）3 个阶段。

清政府于乾隆二十三年（1758 年）收复和田，随后在确定的和田六城赋税中，有一项是专门关于玉石的："所产玉石，视现年采取所得交纳。"准许民间自由捞采、买卖，国家仅酌收一定赋税，没有其他的限制。官办采玉始于 1761 年，据徐松的《西域水道记》载："乾隆二十六年（1761 年）着令东西两河及哈朗圭山每岁春秋二次采玉……"按当时的采玉制度，中央派官员和委派伯克（当地人中的官吏）役使维吾尔族民工采玉，然后由役站传递进京。乾隆四十三年（1778 年），乾隆皇帝决定凡回人（维吾尔人）所采之玉可由官方收购，不允许内地商人到新疆贩运玉石，否则"即照窃盗例计赃论罪"。因此，这一时期的采玉生产以官采为主，民采为辅，所采玉石一律入官。到了嘉庆四年（1799 年），清政府由于库存玉石过剩，取消了乾隆四十三年的禁令，允许民间采玉贩玉和玉石在民间流通，民间采玉又恢复了生机。道光元年（1821 年），清朝"造办处所贮之玉尚多，足以敷用"，清政府停止了和田的官办采玉生产。至此，官办采玉生产结束，和田民间采玉业逐年恢复，日益发展。

和田与叶儿羌地区出产的玉料分为“水料”与“山料”，水料俗称子儿玉，多产于河床中，采玉的时间为春秋两季水位低落时。采玉时，玉人裸身于水中，踏步行进，踩到卵状物体时，躬身拾起，再送往岸边。乾隆御制诗对此有生动地描述：“于阗采玉人，淘玉出玉河。秋时河水涸，捞得璆琳多。曲躬逐逐求，宁虑涉寒波。”叶儿羌密勒塔山所产之玉，称为山料。玉料体积大，有的重达万斤。“大禹治水图”玉山的玉料就是在新疆叶尔羌密勒塔山上开采出来的。数千千克重的玉料，从高山上采掘和运送下来，在无先进机械设备的条件下，更需人力和相应的工具和技巧。据清宫档案记载，玉料是冬季在道路上泼水结冰、用数百匹马拉、近千人推、历时 3 年，才从叶尔羌密勒塔山运到京城的，其危险和艰辛可想而知。

4-2-1

和田子儿玉

翡翠是以硬玉为主的矿物集合体，其主要矿物构成为钠铝硅酸盐，硬度为摩氏 6.5~7，比重为 3.33，点测折射率为 1.66。翡翠是清代除和田玉外最重要的玉料。在清宫档案中，所见翡翠之名始于乾隆三十六年（1771 年）三月二十七日《杂录档》，是地方显吏为祝乾隆帝诞辰而送至圆明园的万寿贡，经乾隆帝御览后将他喜欢的贡品差人送往京城交与内务府大臣英廉查收，其中有赵文璧所进献的翡翠瓶一件[1]。

纪昀在《阅微草堂笔记》中记述了乾隆晚期至嘉庆初期，北京城中翡翠价值上扬的情况："云南翡翠玉，当时不以玉视之，不过如蓝田干黄，强名以玉耳，今则以为珍玩，价远出真玉上矣……盖相距五六十年，物价不同已如此，况隔越数百年乎？"[2] 翡翠在清代的升值速度确实非其他所能比，光乾隆时期翡翠就由石升玉，价格甚至超过了羊脂白玉，堪比和田干黄玉。虽然如此，但清代收藏界仍有相当一部分人重和田玉而轻翡翠。陈性的《玉纪》就体现了这种观点："翡翠石……形虽似玉实非真玉也。"《玉纪》成稿于道光十九年（1839 年），可以代表晚清嘉庆道光年间，文人对翡翠收藏的看法。至清末，内外交困，西域玉路不畅，翡翠大量涌入，在市场份额上冲击了和田玉，逐渐成为宫廷统治者和民间士绅贵妇的新宠。现存清宫档案和遗留实物均可证明翡翠在清末内廷的受欢迎程度，后妃所用的扁方、簪、坠、戒、镯等配饰均用翡翠制成。清末的玉学专著《玉说》中，介绍了翡翠的蕴藏及开采情况。

---

① 杨伯达：《从文献记载考翡翠在中国的流传》，故宫博物院院刊，2002 年第 2 期，总第 100 期。

② 纪昀：《阅微草堂笔记》卷六，上海古籍出版社，1980 年版。

玛瑙和水晶也是清代的玉料，二者产量巨大，且宫廷和民间皆有使用。青金石产于阿富汗、巴基斯坦和贝加尔湖地区，清鼎盛时期，每年都可以从青金石的产地获得大量进贡。清代玉器的成就体现在和田玉玉器和翡翠玉器上。在清代民间用玉的玉料构成中，和田玉只占极小的比例，而且还都是中下等玉质的玉料。这一方面与朝廷早期的限制民间开采的政策有关，另一方面是和田玉的价格过高，超出了大部分市民阶层的承受能力。价格低廉的独山玉和岫玉，成为清代民间用玉的主流，主要是制作成小的饰物在民间流行。普通百姓注重的不是玉料，而是玉器的吉祥意蕴。

北京地区现存的清代玉器多为传世品，出土的并不多，大量的清宫旧藏是北京地区清代玉器的主要内容，少量的出土清代玉器主要集中于北京师范大学工地黑舍里氏墓、北京密云县清代乾隆皇子墓、圆明园遗址等几个地方。出土玉器的玉料全部为和田玉，其中以和田青玉为主，还有碧玉和白玉。

北京故宫博物院珍藏的大量清代玉器是我们了解清代玉料使用情况的重要依据，这其中鲜有清早期的玉器作品。康熙以前的清代宫廷玉器基本上都是历史遗存的古代作品，而非时作，这与清初的玉料缺乏有直接的关系。明代以来，宫廷治玉所需玉料主要来源于新疆和田及叶儿羌地区，但清初统治势力还未能稳定地控制这一地区。清中期，尤其是乾隆时期，国力强盛，政治稳固，西部玉料畅通，和田玉在宫廷治玉中的地位不容动摇。作者根据《中国玉器全集·6·清》（李久芳 主编，河北美术出版社，1997 年版）中收录的清代玉器做了玉料分类统计，结果如下：全书共收录清代玉器 367 件，其中和田玉料的玉器占 326 件，近 90%；其余 41 件所用玉料有翡翠、水晶、玛瑙、青金石、碧玺等，只占 10% 多一点。可见，清代的治玉成就首推和田玉的琢制成就。

4-2-2

青白玉夔凤纹子冈款樽

【首都博物馆藏】

说明 通高 10.5 厘米，口径 6.8 厘米。玉料呈白青色，体圆，由器和盖两部分组成。盖顶正中有一圆形纽，靠近外沿有三个卧狮，成等距三角形。外侧有三个兽首足。腹侧有环形把，把上有凸起的象形纽饰。此器出图于清康熙索额图的幼女墓中，是迄今所知出土的“子冈”款玉器中难得的上品，也是陆子冈所制仿古玉器的代表作。

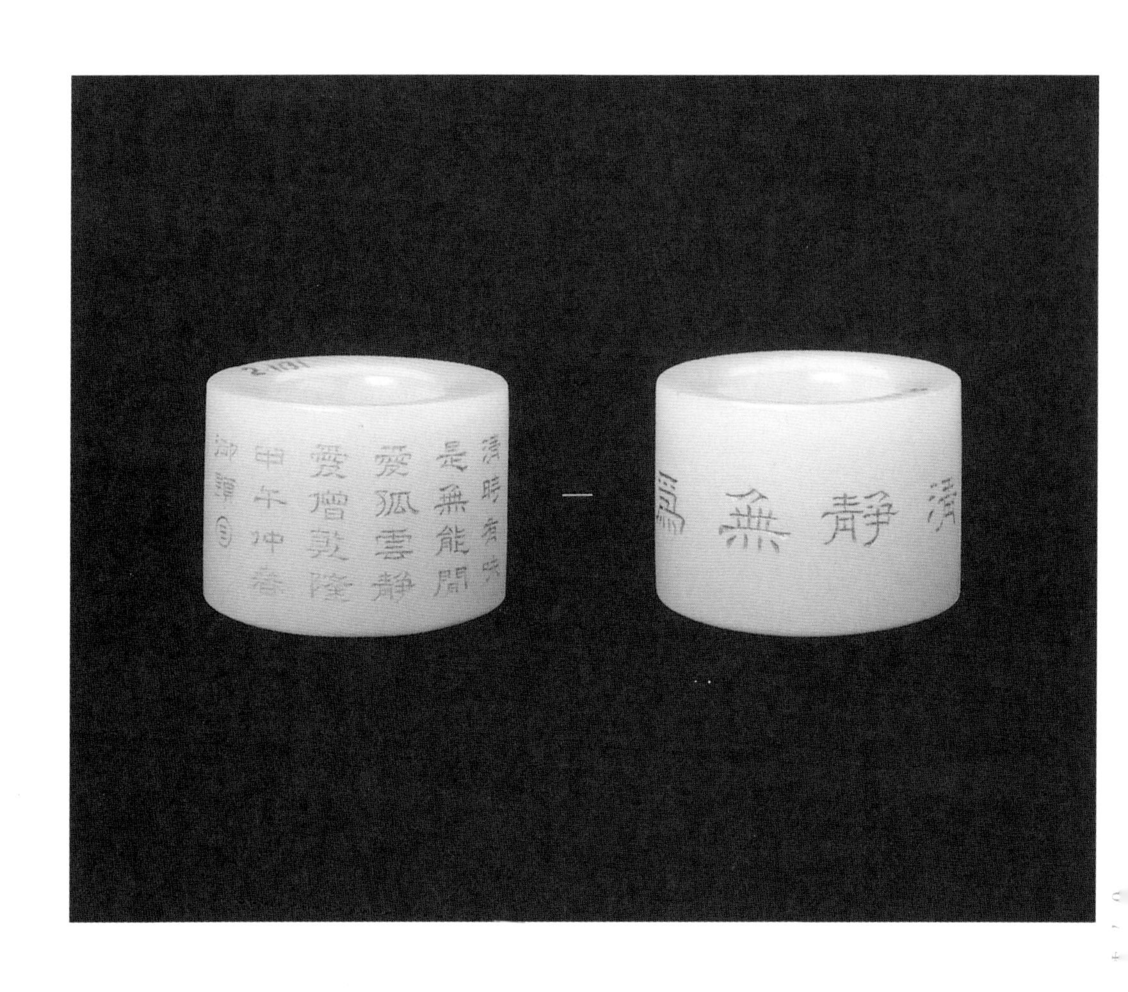

4-2-3

“清静无为”玉扳指

北京故宫博物院所藏的清宫旧藏翡翠器有数百件，与和田玉器的收藏量相比，确是“小巫见大巫”，但却是全国乃至全世界收藏翡翠最多的博物馆。这批清宫旧藏翡翠有一个断代的有利条件，即镌有年款或附有黄签，可与档案记载对证，大体可辨识其中一部分藏品来自乾嘉时代，另一部分藏品来自慈禧时代。[1]《中国玉器全集·6·清》收录了其中的8件，均为清代中期所制。据统计，清宫旧藏翡翠虽然件数有限，但几乎涉及到了清代的所有用玉类别，主要集中于陈设、器皿、佩饰、文玩类。可见，翡翠在清代中期多被宫廷用作生活用品，而在礼仪用玉方面，和田玉仍然是主流。这也反映出翡翠在清代宫廷生活中的地位和作用。

明、清两代在玉料选择上，都延续了中国传统的用玉观念——重和田玉。北京地区现存明代的玉礼器全部都是和田玉料，宫廷日常器物用玉也是以和田玉料为主，只有少量的玛瑙制品。清代对和田玉的重视程度，比明代有过之而无不及。清代统治者热爱由来已久的汉族玉文化，加之西部玉路畅通，和田玉料大批地进入中原，被源源不断地运送到北京和南方的治玉中心，成为清代辉煌玉器成就的原料基础。

明、清两代对和田玉料的开采，都有严格的监管制度，都严令禁止民间使用和田玉料，但是两代民间仍然都有和田玉料流通贸易。清代与明代相比，宫廷所用和田玉料在数量上更充足，质量上也更上乘。另外，清代的玉料使用更多样化，除了和田玉，还有翡翠、水晶、玛瑙、青金石、碧玺等。

① 杨伯达：《清宫旧藏翡翠器简述》，故宫博物院院刊，2000年第6期，总第92期。

明《天工开物》中的“琢玉机”·MING『TIANGONGKAIWU』ZHONG DE“ZHUOYUJI”

清《玉作图说》中的治玉工具·QING『YUZUOTUSHUO』ZHONG DE ZHIYUGONGJU

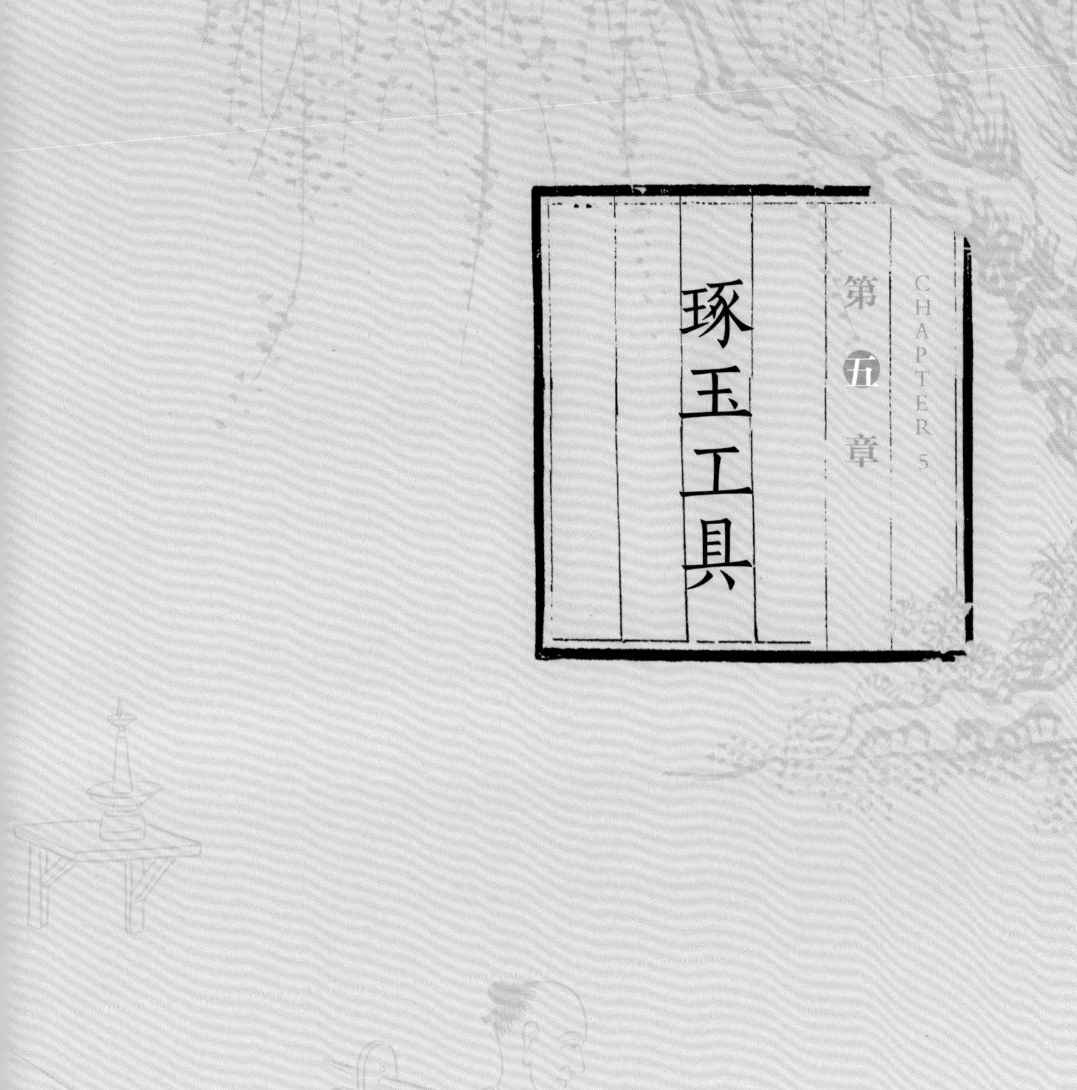

CHAPTER 5

第五章

琢玉工具

明《天工开物》中的“琢玉机”

明代之前，有关中国古代治玉技术、治玉工具等方面的记载非常少见，明代宋应星的《天工开物》里有几句话：“凡玉初剖时，冶铁为圆盘，以盆水盛沙，足踏圆盘使转，添沙剖玉，逐忽划断。”[1]这简短的几句话，却清楚地介绍了明清两代最重要的制玉工具——砣机。通过宋应星的描述，可以得知：砣是用铁制成的，其横轴用绳子与脚踏连接，双脚踏动脚踏产生动力，然后带动横轴和砣一起旋转。玉工一手拿玉，一手不断将水盆中的解玉砂放入砣与玉的切口处，直至将玉器琢磨完成。书中还配有两幅琢玉图，里面均有砣机，这是中国古代治玉工具在文献记录中的最早形象。

《天工开物》中的砣机被明人称为“琢玉机”，清人称为“水凳”，而工人习惯称其为“砣子”。在《天工开物》中描绘的琢玉图中的砣机和清末李澄渊《玉作图说》中的砣机没有什么区别，都已经是十分成熟的“足踏高腿桌式砣机”，一直沿用到20世纪60年代才逐渐被电动砣机所取代。足踏动力砣机的出现，不仅节约了人力资源，还由于动力的加强，砣头旋转速度的加快，加快了治玉的速度，从而促进了治玉水平的飞跃式提高。清代辉煌的治玉成就也是建立在以砣机为代表的治玉工具的革新发展基础之上的。

① [明]宋应星：《天工开物》卷三，甘肃文化出版社，2003年版，第405页。

这种砣机由木架支撑，由凳面、凳槽、支凳、座凳、踩板等部分组成。凳面是主体，上有凳槽，后面是一个名叫海眼的方形孔，两根凳梆，中间有梁。梁上有一个长方形的叫相板孔的孔，相板是一个厚一点的竹片，呈长方形，上面是一个月牙口，下面有一个楔子，用来架轴，方形海眼后面立着一个山子。这些部件构成了凳面。支凳又叫凳支子或凳梯，用来支撑凳面。在锅架子的 4 根立柱中，2 根长的和凳梯共同用来支撑凳面，锅架子上置放铁锅，用来捞砂子。坐凳高矮要与做玉人的骸关节平齐。所以，玉人都有按自己身材专门定制的坐凳。踩板或为竹质或为木质，后面打孔，里面穿一个踩板钉，固定到坐凳撑上。另一边连接绳或皮带带动轴转动，如果是木轴，用绳带动，铁轴则用皮带带动。绳的绕法为右脚的绳头在轴外，左脚的绳头在轴里。操作时，以左脚蹬踩为主，为发力脚；右脚为辅助作用，保持平衡和稳定。[1]

---

① 苏欣：《京都玉作》，中央美术学院博士论文，2009 年。

5-1-1

《天工开物》中的琢玉图

琢玉

5-1-2

20 世纪上半叶的砣机

工作时，人坐在座凳上，两脚上下踩动踩板，牵动绳或皮条上下运动，带动轴来回转动，同时也带动轴头的砣子转动。玉人用双手握玉料，在砣子的下端进行操作，对玉料进行琢、磨、切、划、钻等动作。左手为发力手，右手协助保持玉料稳定，并负责随时添加解玉砂，这个动作被称为“搭砂子”。凳槽被做成簸箕状，用来盛放金刚砂和产品，凳槽前的锅架上有铁锅，便于接住流下的水和沙。

5-1-3

古老的磨玉机——木橙（复原图）

清《玉作图说》中的治玉工具

《玉作图说》是一组彩绘图册，由清代画家李澄渊作于清光绪十七年（1891 年）。该图册由 12 幅图画和 13 篇“说”文组成，描绘了清代玉器作坊制造玉器的情形。内文中间是图画，图画两侧各有 3 列文字，首先是书编号和题名。书写“说”文楷体工整，描述通俗易懂，分为捣沙、研浆、开玉、扎砣、冲砣、磨砣、掏膛、上花、打钻、透花、打眼、木石呙和皮石呙共 13 道工序。其中，“捣砂图说”和“研浆图说”合为一开，即一图二说；第三至第十三道工序各为一开，共 12 开，

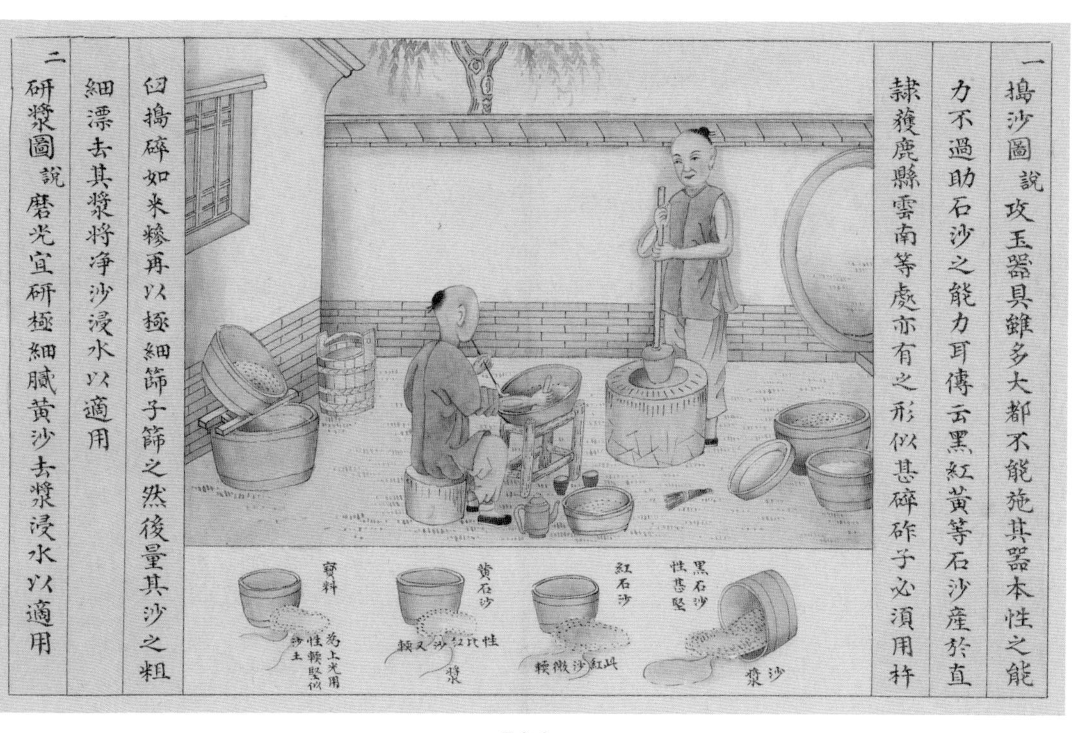

5-2-1

捣沙图

每图带有文字图说。从图册来看，清代宫廷玉作有着严格有序的治玉流程，琢制玉器要经过审料、开料、磨砣、上花、打钻、打眼等十几道工序，基本涵盖了琢玉的全过程。图片还形象地展示了清代种类众多的各式治玉工具，主要包括各式砣具、钻具、抛光工具 3 大类。这套琢玉工艺直至 20 世纪 50 年代末仍在使用。该图册将玉工劳动操作的场面绘制得栩栩如生，还将重要工具名称一一标注，使我们对清代宫廷玉作有了更直观的了解。

5-2-2

开玉图

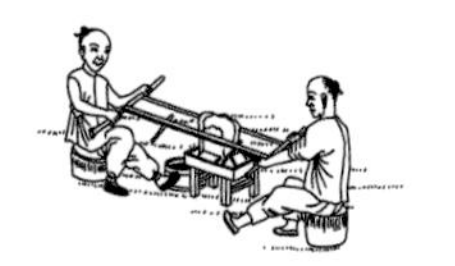

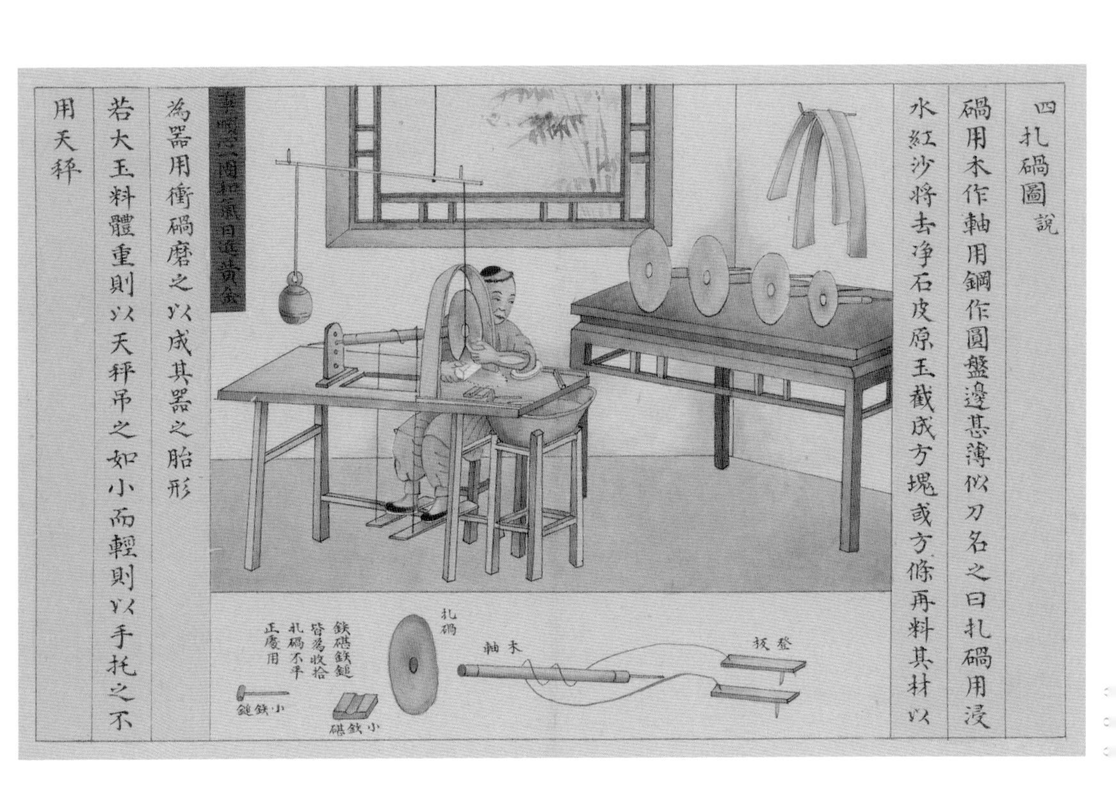
四 扎碢圖說
碢用木作軸用鋼作圓盤邊甚薄似刀名之曰扎碢用浸
水紅沙將去淨石皮原玉截成方塊或方條再料其材以
為器用衡碢磨之以成其器之胎形
若大玉料體重則以天秤吊之如小而輕則以手托之不
用天秤
扎碢
木軸
登扳
鈌碪鈌鎚皆為收拾扎碢不平正處用
小鈌鎚
小鈌碪

5-2-3

扎砣图

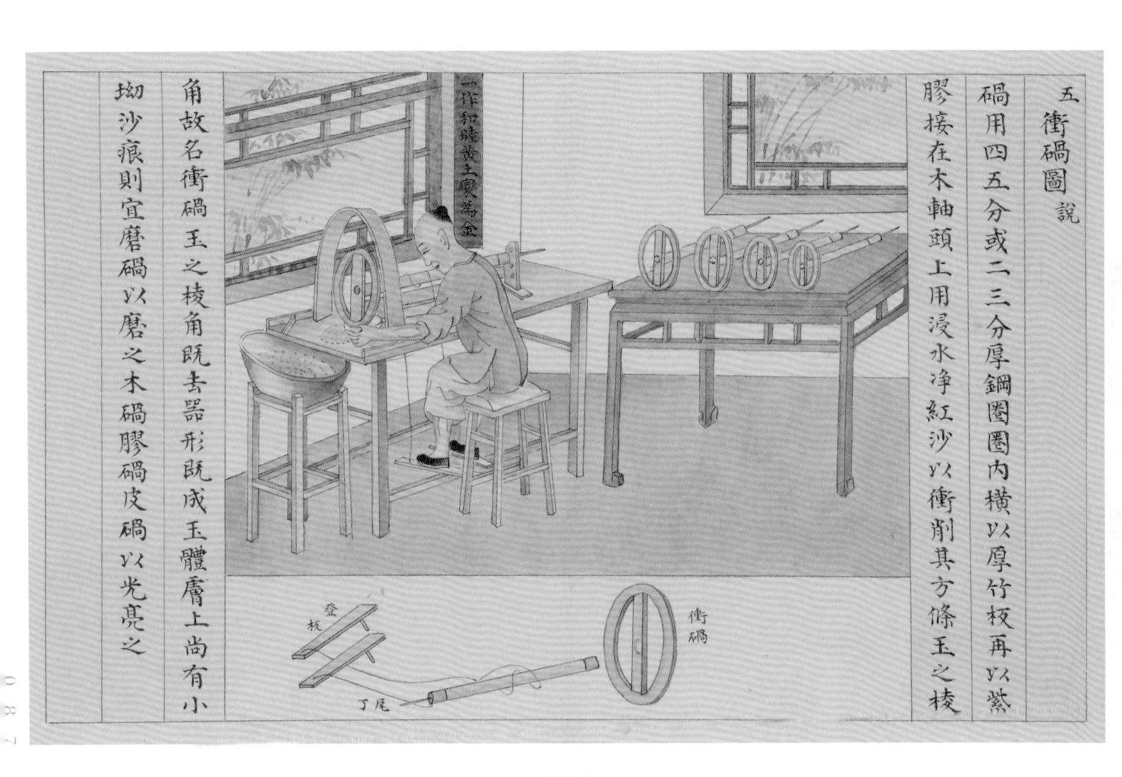
五
衝碢圖說
碢用四五分或二三分厚鋼圈圈内横以厚竹校再以紫
膠接在木軸頭上用浸水净紅沙以衝削其方條玉之棱
角故名衝碢玉之棱角既去器形既成玉體膚上尚有小
坳沙痕則宜磨碢以磨之木碢膠碢皮碢以光亮之
凳板
丁尾
衝碢

5-2-4

冲砣图

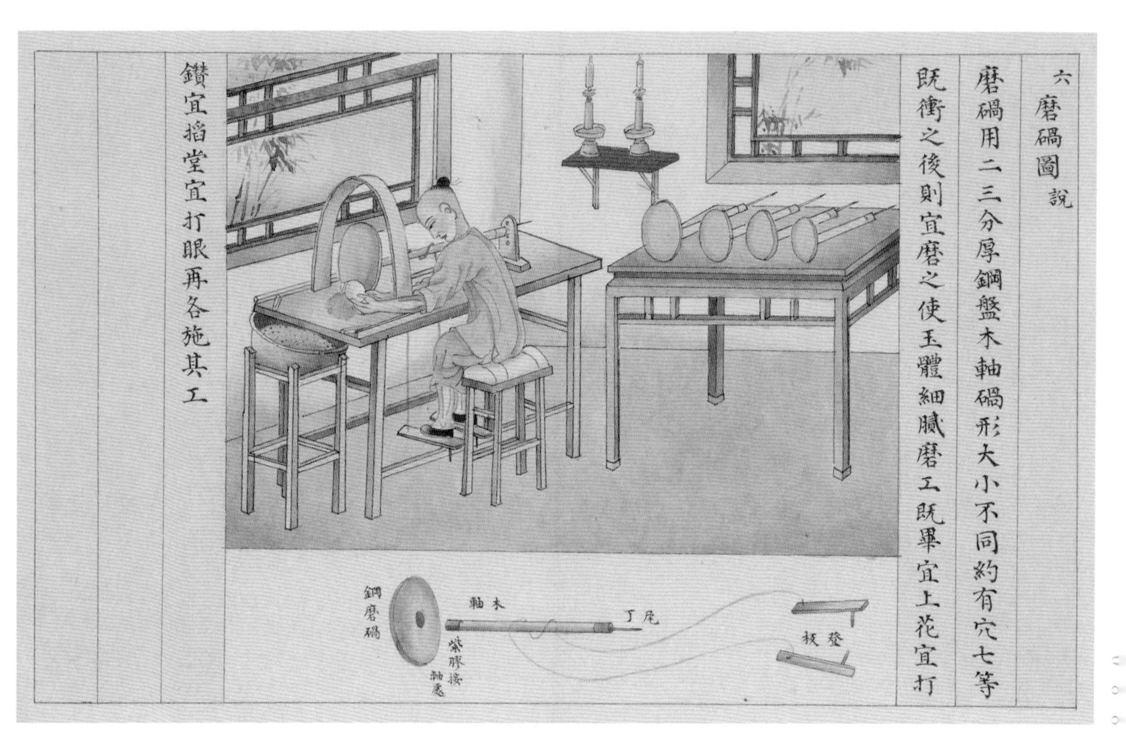
六
磨碢圖說
磨碢用二三分厚鋼盤木軸碢形大小不同約有穴七等
既衝之後則宜磨之使玉體細膩磨工既畢宜上花宜打
鑽宜掐堂宜打眼再各施其工
鋼磨碢
木軸
尾丁
紫膠接軸處
登杌

5-2-5

磨砣图

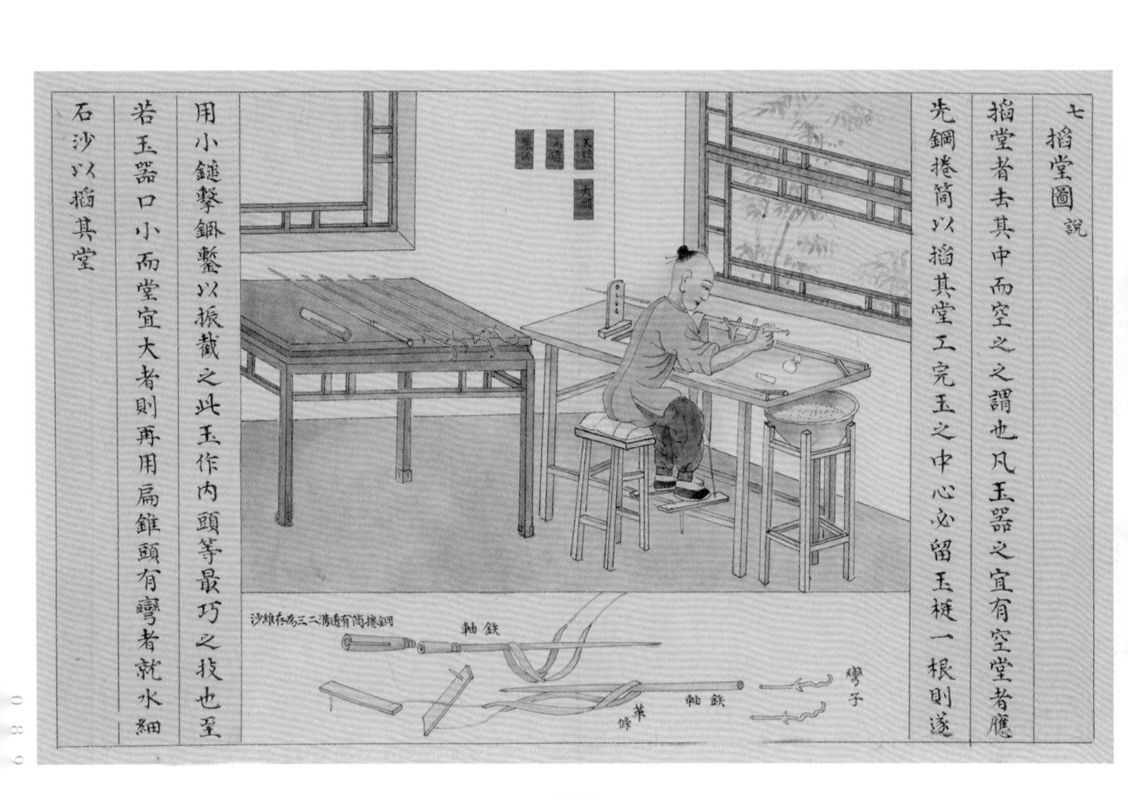
七
掏堂圖說
掏堂者去其中而空之之謂也凡玉器之宜有空堂者應
先鋼捲筒以掏其堂工完玉之中心必留玉梃一根則遂
用小鎚擊鉚鑿以振截之此玉作內頭等最巧之技也至
若玉器口小而堂宜大者則再用扁錐頭有彎者就水細
石沙以掏其堂
鋼捲筒有透溝二三為存雄沙
鐵軸
鐵軸
彎子
革條

5-2-6

掏膛图

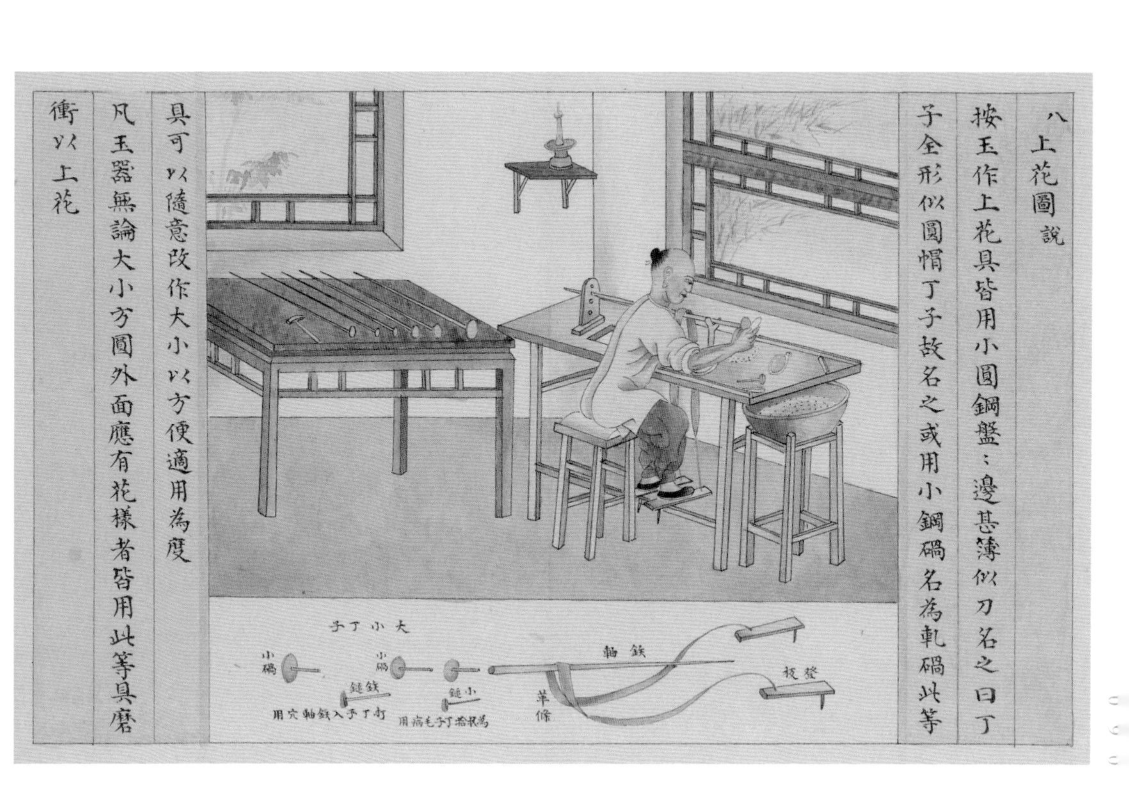
八 上花圖說
按玉作上花具皆用小圓鋼盤〻邊甚薄似刀名之曰丁
子全形似圓帽丁子故名之或用小鋼碢名為軋碢此等
具可以隨意改作大小以方便適用為度
凡玉器無論大小方圓外面應有花樣者皆用此等具磨
衝以上花
大小丁子
小碢
小碢
鉄鎚
打丁子入鉄軸穴用
小鎚
爲収拾丁子毛病用
鉄軸
革條
登板

5-2-7

上花图

九
打鑽圖說
是玉器宜作透花者則先用金鋼鑽打透花眼名為打鑽
然後再以彎弓鋸就細石沙順花以搜之透花工畢再施
上花磨亮之工則器成
軋桿
金鋼鑽
彎弓
活動木
墜碗

5-2-8

打钻图

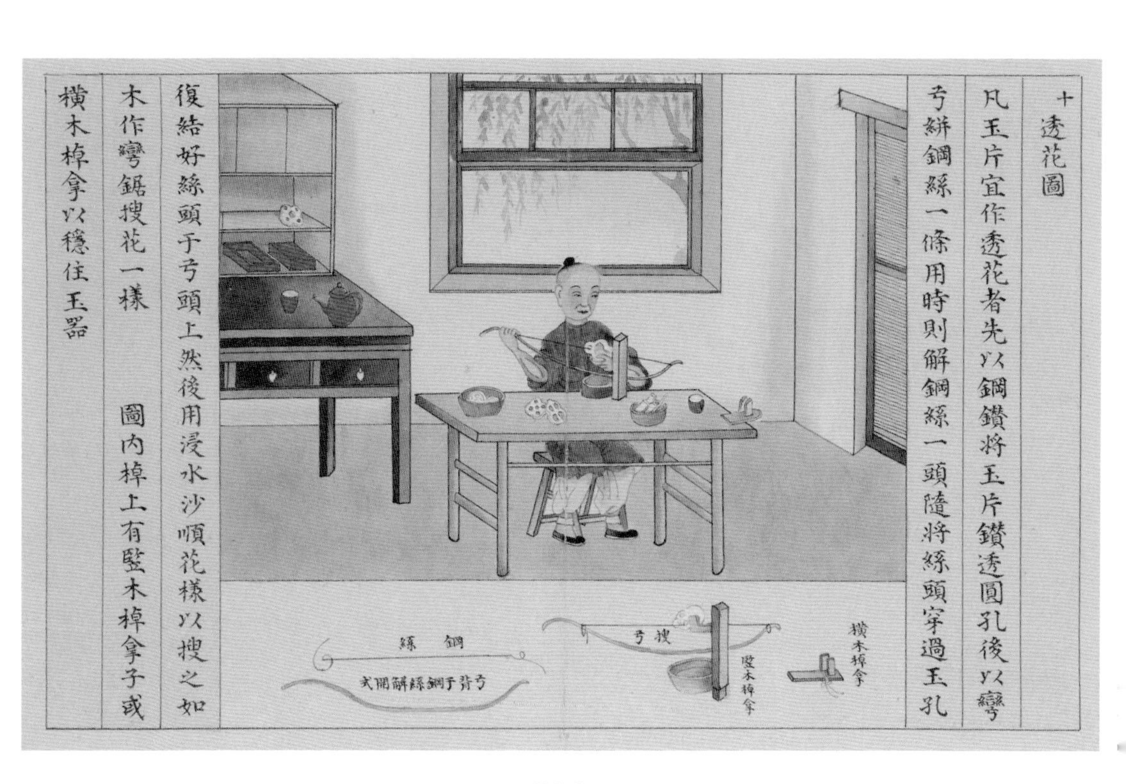

十 透花圖
凡玉片宜作透花者先以鋼鑽將玉片鑽透圓孔後以彎
弓絣鋼絲一條用時則解鋼絲一頭隨將絲頭穿過玉孔
復結好絲頭于弓頭上然後用浸水沙順花樣以搜之如
木作彎鋸搜花一樣
圖內棹上有豎木棹拿子或
橫木棹拿以穩住玉器
鋼絲
弓背于鋼絲解開式
搜弓
豎木棹拿
橫木棹拿

5-2-9

透花图

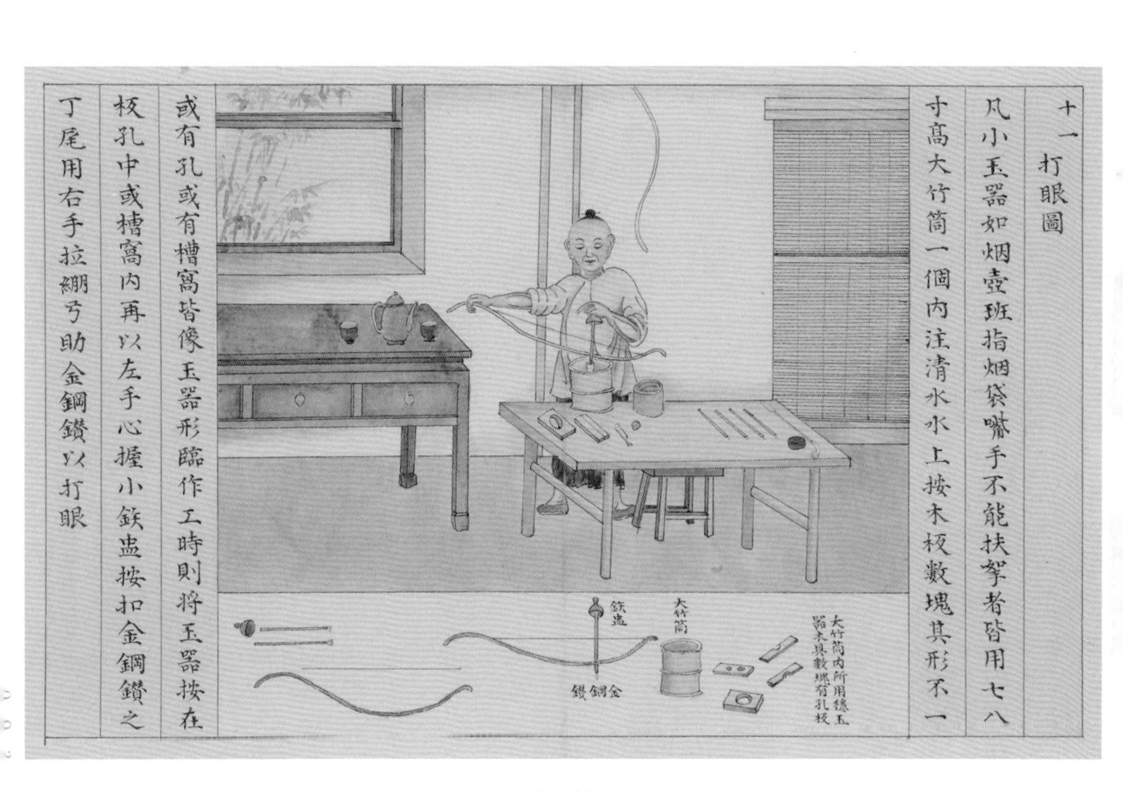
十一
打眼圖
凡小玉器如烟壺班指烟袋嘴手不能扶拏者皆用七八
寸高大竹筒一個内注清水水上按木板數塊其形不一
或有孔或有槽窩皆像玉器形臨作工時則將玉器按在
板孔中或槽窩内再以左手心握小鉄盅按扣金鋼鑽之
丁尾用右手拉綳弓助金鋼鑽以打眼
鉄盅
大竹筒
金鋼鑽
大竹筒内所用穩玉器木具數塊有孔板

5-2-10

打眼图

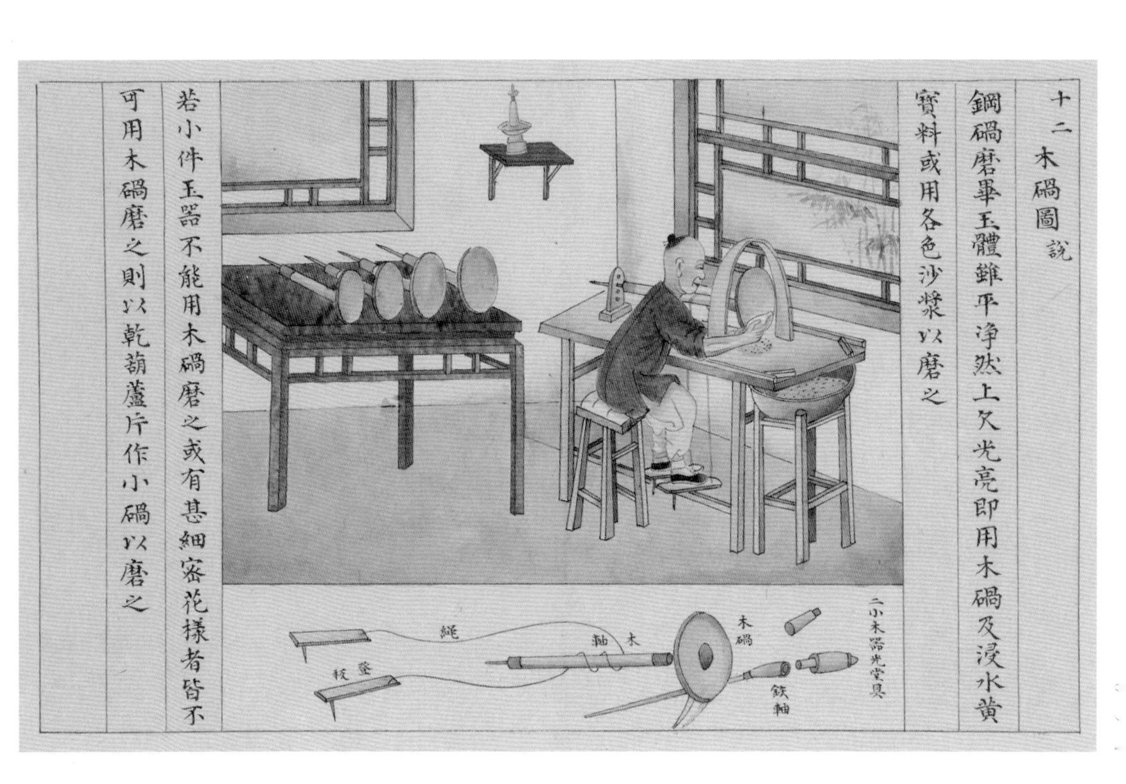
十二 木碣圖說
鋼碣磨畢玉體雖平淨然上欠光亮即用木碣及浸水黄
寶料或用各色沙漿以磨之
若小件玉器不能用木碣磨之或有甚細密花樣者皆不
可用木碣磨之則以乾葫蘆片作小碣以磨之
二小木器光堂具
木碣
鉄軸
木軸
縄
蹬板

5-2-11

木砣图

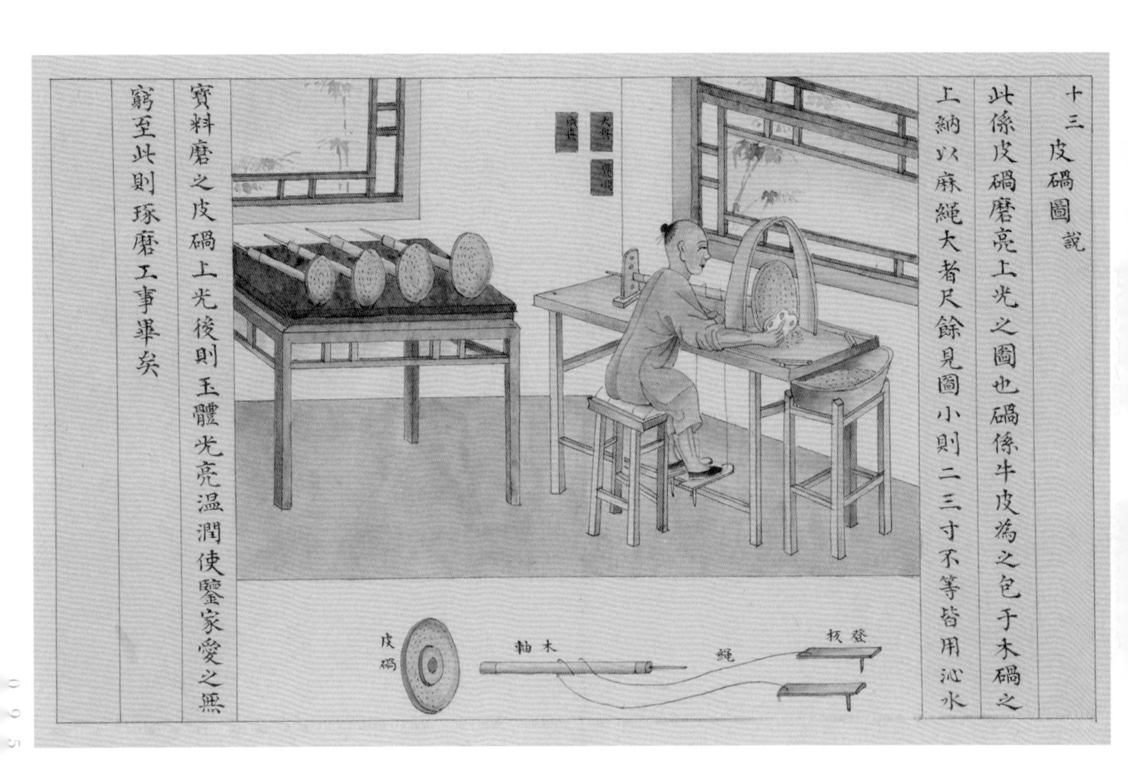

十三 皮碢圖說
此係皮碢磨亮上光之圖也碢係牛皮為之包于木碢之
上納以麻繩大者尺餘見圖小則二三寸不等皆用沁水
寶料磨之皮碢上光後則玉體光亮溫潤使鑒家愛之無
窮至此則琢磨工事畢矣
皮碢
木軸
繩
蹬板

5-2-12

皮砣图

砣具

《玉作图说》中有多幅图涉及到砣具。砣具是清代玉作中，样式最多、品种最丰富的一类工具，而且它们的使用贯穿于多道治玉工序中。

铡砣是用薄铁片制作成的片状的圆形无齿锯，主要用于切割玉料和出坯（把玉石上要作的玉器外面多余的玉料切掉）。一般来说，铡砣的外部边沿部分较薄，中部周围较厚，这样可以增加它的强度。匠人根据所切玉石的大小选用不同直径和厚度的铡砣，所选铡陀的半径要略大于所切割玉石的最厚处。

錾砣也是用薄铁片制作成的片状的圆形无齿锯，也用于玉料切割，是进一步雕琢玉器的主要工具。由于锯片直径小，操作起来灵活，錾砣不仅可以用于玉雕时錾、标、扣、划等切割，也可作贴、靠等磨削，它基本可以完成玉器粗雕的所有工序。

钩砣其实是形状更小的片状的圆形无齿锯。它的砣口沿部有数种变化，从横剖面图看，钩砣侧面呈厚薄不一的长方形、梯形、倒梯形、圆边形、平顶透镜形、圆顶透镜形等，加工玉料时需要不断蘸解玉砂浆。其主要功能是钩划玉器纹饰花纹和线条，其平顶和边缘还可用来磨削加工玉器。

轧砣是玉器细雕的主要工具。砣口平直呈直角的称为齐口，砣口小于 90° 的称快口。此外，还有侧面呈梯形、平头、圆顶、枣核等形状的轧砣。轧砣主要用于将錾陀加工后的锯痕磨平，使纹饰图案更加清晰，雕件凹凸圆滑，表面光洁，造型准确。

钉陀指形状大小如同钉子的磨玉工具，形状像喇叭口，是雕琢玉器细部的主要工具。其规格从 3 厘米到 20 厘米不等。

冲陀呈圆环状，形体较斩陀稍厚，是用于玉雕件较大平面的磨平专用工具。

碗砣是指用铁板冲压成碗状、呈半圆形或平顶半圆形的磨玉工具，是专门用来制作玉碗和圆弧形的工具。

膛砣为圆球状磨玉工具，有枣核形、球形等，专门用于冲磨口径较大的玉器皿内膛，如玉炉、玉熏等器皿的内膛。

弯砣是指用粗铁丝弯成弓形的磨玉工具，专门用于掏口径小的玉器皿的内膛，如花瓶、鼻烟壶等器皿的内膛。

磨砣是用较厚的铁板制成的磨玉工具，上有平面和镟好的半圆凹槽，多用于打磨平面和圆珠。

钻具

钻具主要用于打眼、钻孔、套料取芯。根据钻头不同，钻具可分为实心钻和空心钻两类。

实心钻用于打眼和钻直径较小的孔，形状为圆柱状，可长可短，有粗有细，其材质主要是铁和钢。

空心钻用于套取料芯和钻直径较大的孔，形状为圆筒状，可长可短，有粗有细，其材质主要是铁和钢。

套料取芯使用的套管钻实质上也属于空心钻，但又与空心钻不同，主要在于：一是大小不同，空心钻体积较小，是用较细的金属管制作的，套管钻体积较大，一般用铁片或铜片围卷而成，然后在圆筒上面装一根短轴，再用小螺丝固定在圆筒架上才能使用；二是形制不同，空心钻的圆周是完整的圆形，而铁片或铜片卷成的套管的圆要留缺口，即在圆筒接口处需要留出2~3毫米的空隙，以便于解玉砂浆通过这一空隙进入钻头处；三是功用不同，空心钻是打眼用的主要工具，套筒钻则是套取料芯的专用工具。在使用上套筒钻安装在钻机上，旋转时不断加入解玉砂浆，这样就可以钻孔或将料芯套出。[1]

《玉作图说》中有《打钻图》和《打眼图》，详细介绍了清代宫廷治玉的钻制技术。

抛光工具

按照抛光方式的不同，抛光主要分为旋转摩擦式抛光和手工摩擦抛光两种。前者多使用圆轮、圆盘、圆鼓、圆棒等形状的工具，后者多为条形工具。根据玉器的材质、器型设计等因素，需要使用不同的抛光工具。

① 孔富安：《中国古代治玉技术研究》，山西大学博士论文，2007年。

胶砣，又称胶碾，是一种使用方便、用途广泛的抛光工具。胶砣的大小形状可以根据实际需要来制作成圆盘、棒状等，以适应各种玉器的抛光。胶砣还有粗细之分，根据需要抛光的器物表面的粗细，选择不同的胶砣。

木砣，是用木材加工成的圆盘、圆鼓、凹轮等形状的抛光工具。木砣本身并没有抛光功能，抛光时必须在表面蘸上抛光粉才可以进行玉器抛光。为了使木砣容易挂住抛光粉，一般选用纤维较粗的木材做原料。根据木砣软硬的不同，其抛光对象也不相同，硬质木砣主要用来抛光质地较硬的玉器，软质木砣用于抛光质地较为松软的玉器。

皮砣，是将兽皮（一般为牛皮）蒙在圆盘上制作而成的抛光工具。蒙皮面时，需把皮革光面作为抛光面。皮砣适用于各类玉器的抛光，但根据皮砣的厚薄，使用时也略有区别。薄皮砣适应性好，适用于凸面玉器的抛光，对质地松软的玉器抛光效果尤佳；厚皮轮适应性较差，一般用于大平面玉器的抛光。

毡轮，是指用羊毛毡制作的抛光工具，分实心毡轮和蒙面毡轮两种。实心毡轮采用羊毛整体压制而成，蒙面毡轮是先将厚羊毛毡放入热水浸泡10多分钟后，再将其订压在凸形木轮上。毡轮易吸尘土，会影响抛光效果，所以要保持清洁。

另外，还有布砣、刷砣、石砣等抛光工具。《玉作图说》中对抛光工艺的介绍主要有《木砣图》和《皮砣图》，说明这两种抛光工具在清代使用比较普遍。

金玉珠宝复合工艺 · JINYUZHUBAO FUHEGONGYI

多层镂雕技术 · DUOCENG LOUDIAOJISHU

明代文人画对玉器的影响 · MINGDAIWENRENHUA DUIYUQI DE YINGXIANG

“玉山子”的琢制技术 · “YUSHANZI” DE ZHUOZHIJISHU

痕都斯坦玉与西番作 · HENDUSITANYU YU XIFANZUO

CHAPTER 6

第六章

工艺特点

明代玉器的雕琢风格有明显的时间分野：早期玉器构图简练，线条流畅，雕刻刀法圆熟，图案丰满，总体风格趋于简练豪放；中期玉器构图严整，线条工细，刀法略显纤巧快利，棱角较明显，不善藏锋，总体风格渐向纤巧细腻；晚期玉器构图活泼，装饰繁多，富有生活情趣。本书不再按时期详细介绍明代的治玉工艺，而是选择具有创新性的工艺特征加以重点说明。

金玉珠宝复合工艺

明永乐三年至宣德八年（1405 年~1433 年），郑和先后 7 次下西洋，带回了大量的宝石珍奇，如红宝石、蓝宝石、珍珠、珊瑚、香料等。在《西洋朝贡典录》中多次提及“宝石”，这表明郑和从西洋载回的宝石数量众多。充足的宝石原料为金玉珠宝复合工艺的大量出现奠定了物质基础。

从工艺上讲，金与玉的结合早在先秦时期就已经出现，唐代也曾盛行过，并非是明代首创，但是把金、玉、珍珠、红宝石、蓝宝石等多种材质组合在一起，历史上还没有出现过。这种工艺主要盛行于北京和东南沿海的富庶地区，涉及的材料众多，工艺也较复杂。但是，由于众多珠宝玉石的综合运用可以达到富丽华贵的审美效果，因而受到明代皇室和贵族们的青睐，并且带动了民间的用玉新风尚。

金玉珠宝，融为一体，以镶嵌、镂雕、锤刻、焊接等多种精细技术，将不同质地、不同色泽的金玉珠宝，组成雍容华贵的艺术珍品，是明代镶嵌工艺的一个显著特点。

北京昌平区明代十三陵定陵出土的白玉镂空寿字镶宝石金簪，就是金玉珠宝复合工艺的代表。它以和田白玉为主料，雕刻成花朵和变形的“寿”字，周边及正中以黄金镶嵌红宝石 4 块、蓝宝石 3 块、绿宝石 1 块、猫眼石 3 块，看起来非常华贵。①

再如十三陵定陵地宫出土的镶宝石白玉带钩，长 11 厘米、宽 2 厘米，白玉质，细腻润洁。带钩雕作龙首形，细眼、小耳、嘴平齐，阴刻长发，拱起的钩背上镶有 4 个椭圆形金托，内嵌红、黄、蓝宝石。“龙额”嵌绿宝石，“龙睛”嵌猫眼石（已脱落）。带钩雕刻线条圆滑流畅，富贵华丽。②

① 见前文图 1-4。

② 于平等主编：《中国出土玉器全集·1》，科学出版社，2005 年版，第 73 页。

6-1-1

镶宝石白玉带钩

多层镂雕技术

明代多层镂雕技术，俗称“两明造”，也称“花下压花”雕镂技术，[1]是指在平面片状玉器上，用高超的镂空技法，镂雕出2层甚至3层花纹，上面是主题花纹，下层衬景花纹多为细花纹、勾连云纹、图案化寿字等。不仅可以表现出具有较好透视关系的上下层花纹，而且能表现立体层面，尤其注意营造立体造型器表图案及柱心图案的相互有机联系，形成内外统一、里外一致的整体造型。明代玉带极盛行三层透雕法。这种技法体现了明朝一代新风的艺术风格。

如北京海淀马神庙北京工商大学出土的龙纹玉带，出土时有14块，其中7块长方形（6块完整，1块的一端弧形右上角残缺）、4块桃形、3块竖条形，如图6-2-1。长方形玉块正面图案为双龙云纹，左降右升，中间如意云朵，左右上角为云纹，底边框内刻有海水波涛纹。背面四角有对钻的4个穿鼻，桃形图案为山石升龙，背面3个对钻穿鼻，竖条形图案为如意云朵，背面上下各对钻1个穿鼻。[2]

① 刘道荣等编著：《赏玉与琢玉》，百花文艺出版社，2003年1月版，第178页。
② 于平等主编：《中国出土玉器全集·1》，科学出版社，2005年版，第49页。

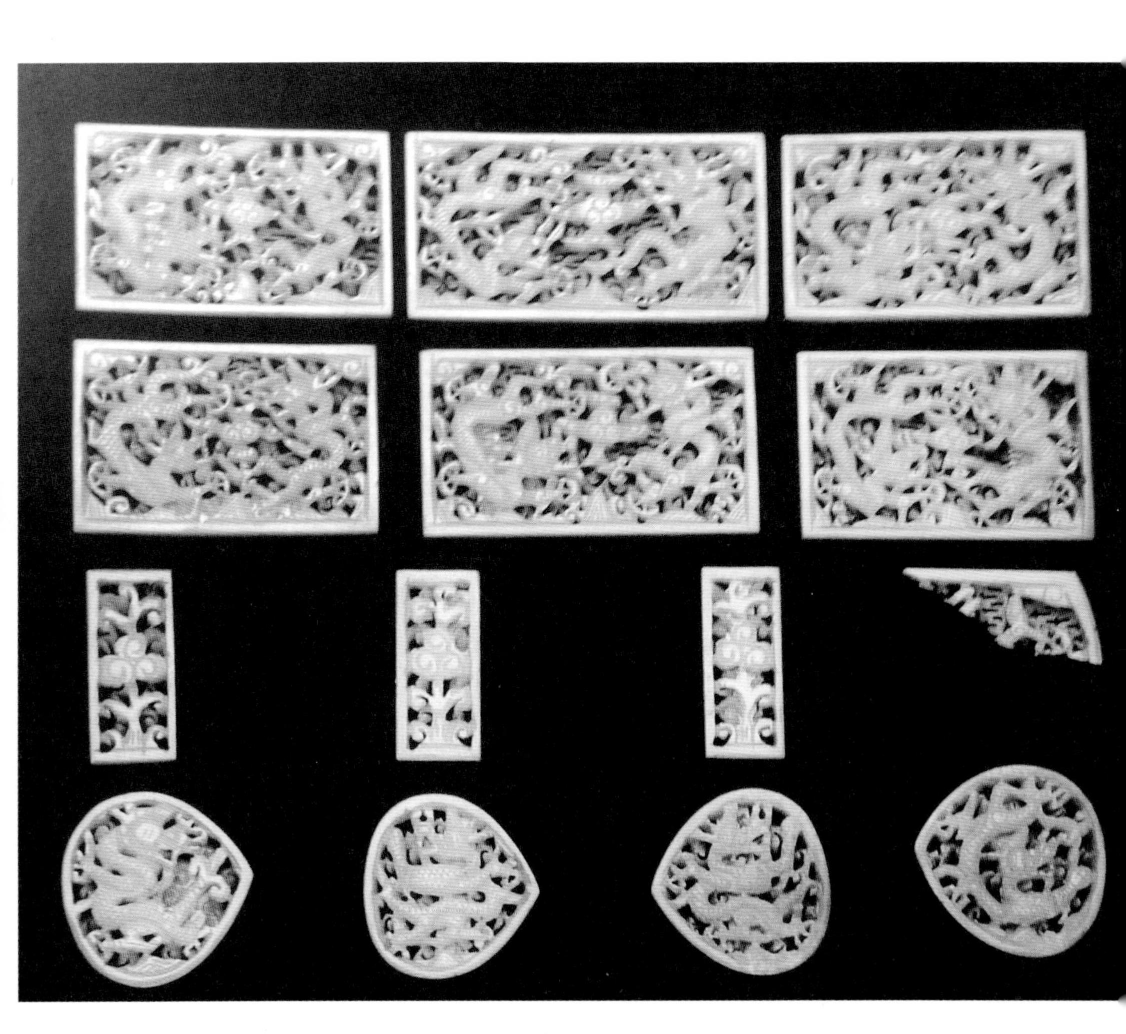

6-2-1

龙纹玉带板

明代文人画对玉器的影响

明代江南文人画的兴盛，带动了玉器纹饰的变化。明代的山水画、人物画为玉器雕琢提供了新的题材。绘画中经常出现的，如花卉、诗文、山水、人物等直接被“移植”成了玉器的纹饰。许多玉雕匠师往往具备绘画与雕刻的综合技艺，他们根据绘画中的题材，把绘画的平面变为立体表现，变图画为浮雕纹饰，大大增强了立体感和观赏性，使玉器的艺术表现力得到了升华。文人意境赋予了玉器更丰富的文化蕴涵，使玉器有了“意在器外”的悠远审美空间。

受到文人“雅趣”的影响，陈设玉器上出现了前所未有的诗书画印艺术。北京故宫博物院收藏的“子冈”款茶晶梅花笔插，就是一件受到当时书画界盛行的梅兰竹菊四君子画的影响而带有文人意趣的作品。此笔插用料为产于新疆的茶晶，因茶晶上有白斑，玉工巧妙地将其琢成白梅，是茶晶器中难得的俏色之作。笔插另一面琢两行行书“疏影横斜，暗香浮动”字体，并署圆形“子”、方形“冈”阴文二印，极富文人画的韵味，格调高雅，技艺不凡。

6-3-1

茶晶梅花笔插

6-3-2

青玉子冈款琴盒

清代治玉工艺虽承袭前代，但其工艺的精细程度超过了以往任何一个时代，可以说清代玉器工艺是对以往所有玉雕工艺的总结与突破。清代治玉工具与技术手法均已发展完善，玉匠拥有得天独厚的技术条件进行创作。继承固然重要，创新更难能可贵。无论是时作玉还是仿古玉，在清代均有所创新。尤其是乾隆时期，器型创新层出不穷，清代玉器的工艺达到了顶峰。以下主要谈谈清代在治玉工艺上的几点创新。

“玉山子”的琢制技术

玉山子是陈设品的一种，属于装饰用玉的类别，主要以独特的视觉造型来满足人们对空间美感的需要。目前国内博物馆收藏的玉山子，最早的出自宋代。自宋代，玉匠就开始借鉴绘画的技法运用到工艺美术作品上。辽金时期，玉山子的主要雕刻技法仍然是圆雕和镂空，元代由于其游牧民族的文化背景，在表现形式上，开始显现出一种前所未有的豪迈风格；在技法上，也开始较多地使用浮雕，最有代表性的巨型玉山子是“渎山大玉海”。“渎山大玉海”其实是一件巨型贮酒器，是元世祖忽必烈在 1265 年令皇家玉工制成的，现藏于北京北海公园团城。

6-4-1

渎山大玉海

清代的玉山子盛行于乾隆时期，多是以山水人物及历史故事为题材的大型场景。清代中期经济繁荣、西部玉路畅通，玉石原料的采制和运输技术较之以前有了很大进步，再加上当时治玉工具的完善，以及玉匠越来越高超的治玉技艺，为雕琢大型和超大型玉山子提供了可能。大禹治水图玉山、会昌九老图玉山、关山行旅图玉山都是工艺精细的大型玉雕作品。其中，最著名的是“大禹治水图玉山”，其工程之浩大，气势之宏伟，为世界玉雕史所罕见，它是清代宫廷玉器走向鼎盛的典型代表和重要标志。

“大禹治水图玉山”，现藏于北京故宫博物院，其雕刻用的整块和田玉料产于新疆密勒塔山。据文献记载，采集玉料时，前用百余匹战马拉车，后用千余名役夫推动，跋山涉水万里路，费时近 4 年才将其运到京师，然后转运到扬州，在乾隆的亲自督造下，汇集当朝国内数百名宫廷玉匠、江南名师，用工 15 万人，精雕细琢了 6 年，才于乾隆五十二年（1787 年）琢制完成。它构图宏伟、设计精巧、气势磅礴，具有强烈的艺术感染力。玉雕背面，有乾隆亲笔题字：密勒塔山玉，大禹治水图。[1]

---

① 见图 2-4。

从琢制工具看，手持钻杆式工具是雕琢大型玉山的主要工具，元代已经在使用钻杆式工具，清代在工具上并没有太大创新。但是论工艺，虽说清代玉山与元代渎山大玉海是一脉相承的关系，但是清代玉山很少留下较明显的钻痕，体现了清代玉工在操作钻杆工具时的熟练程度和后来打磨功夫的精细。

小型的玉山子也较常见，以山水人物、亭台楼阁为题材，雕刻出淡雅宁静的山水风景。桐荫仕女图玉山，玉质为和田白玉籽料，外有一层桂花黄糖皮，主体是隐于桐荫之下的圆形门洞，两扇半圆形的门，中有一缝，透出一线亮光，一仕女手握灵芝立于廊柱旁，门前两侧有利用糖皮俏雕的树与假山，树下有石台石座。整个作品浑然天成，意境清幽。

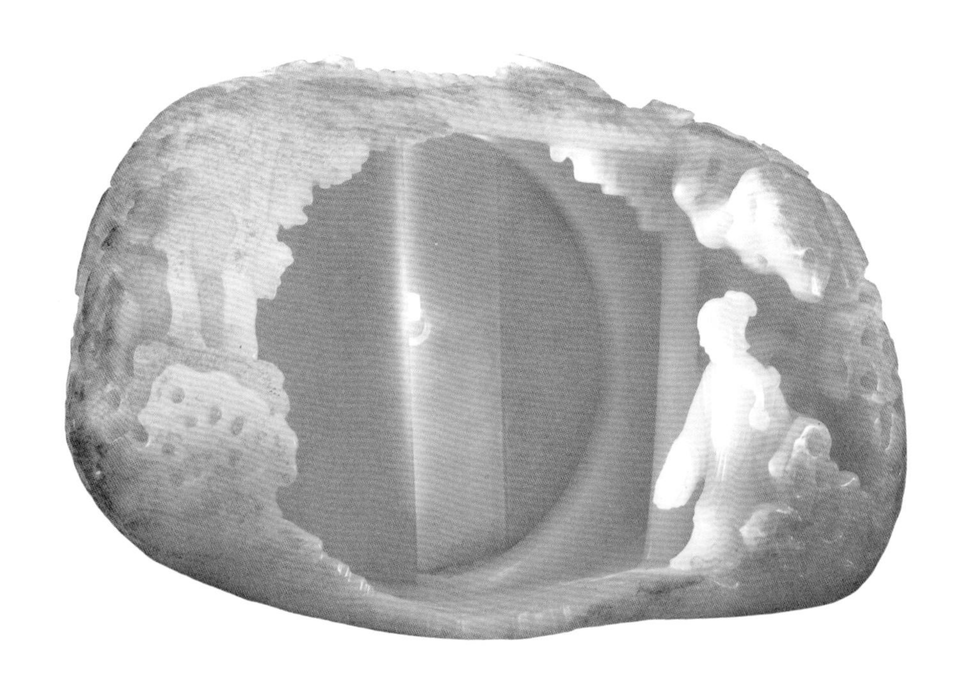

6-4-2

桐荫仕女图

痕都斯坦玉与西番作

据考证，“痕都斯坦”应该是位于今印度的北部、巴基斯坦及阿富汗的东部。痕都斯坦的玉器的形制比较特殊，具有丰富的装饰图案和各种花叶纹，还喜欢用五颜六色的宝石和金银丝镶嵌，以体现富丽堂皇的美感。痕都斯坦玉最重要的特点是“薄胎”技术，雕琢工艺极其细腻，器壁纤薄，由内壁可以看到外壁的花纹。乾隆帝非常赞赏痕都斯坦玉“薄如纸”的特点，曾写诗赞美：“在手疑无物，定睛确有形。”“看去有花叶，抚来无痕迹。”在乾隆的倡导下，清代宫廷造办处和如意馆仿制了一批痕都斯坦玉，所仿器物被称为“西番作”。西番作是清代玉器的创新之作，是在充分吸收外来文化的前提下，结合本土的审美风格，琢制的一种具有西亚文化特征的玉器。但是清代的“西番作”不是刻意模仿，依葫芦画瓢，也不求以假乱真，而是取其造型别致而得到设计灵感，学习其花纹布局而得到创作方法，依据其薄胎而掌握雕琢技术，创造出适合中国社会使用的具有中国文化特征的“西番作”，为中国传统玉器注入了新活力，成为中国玉器大家族中的一枝新秀。[①]

西番作使用的玉料主要是白玉、青玉、碧玉 3 种，器物种类有杯、碗、盘、壶、盂、盒、洗、罐等，在雕琢上器体胎薄（一般为 0.2 厘米），呈半透明状，体轻，琢磨精细。纹饰细密满布，繁巧别致，主要纹饰是蕃莲纹和菊瓣纹，器表抛光技法精湛，达到了强玻璃光泽，璀璨夺目，在很多器物上还嵌了各色宝石，加强了艺术性和观赏性。

① 周南泉：《痕都斯坦与其地所造玉器考》《故宫博物院院刊》，1988 年 1 期，第 60 页。

清代“痕都斯坦玉”均未见有原来刻的铭文，凡有铭文的，皆是该器进入中国后，由宫廷玉匠刻上的。所刻内容，主要是乾隆的御制诗词和年款。其书法，凡诗词均用楷书或隶书，未见用草书和行书的。

6-5-1

痕都斯坦青玉菊瓣盘

【故宫博物院藏】

说明 高 2.8 厘米，口径 25.4 厘米。玉料呈碧绿色。圆形，撇口，菊瓣形圆圈足，通体如一朵盛开的菊花。器壁薄如纸，厚薄均匀，代表了乾隆年间制作薄胎玉器的最高水平。

6-5-2

白玉错金嵌宝石碗（内部）

6-5-3

蕃莲纹八棱形玉洗

明清两代的治玉工艺之精湛，超出以往任何一个时期。在技术条件上，治玉工具经过漫长的发展演变，最终在明、清两代得以完善，明代的《天工开物》和清代的《玉作图说》都有关于治玉工具的图示。在社会经济上，明代中期以后，商品经济在中国缓慢地向前发展，经济的发展改变了社会阶层的构成，玉器开始走入平民百姓的生活，不再是高高在上的礼器。在文化构成上，明、清两代的玉器更多元，宫廷玉器与民间玉器的界限不再像明代之前那样泾渭分明，而一定程度上达到相互渗透、相互影响。

明、清时期，北京的治玉业获得了得天独厚的发展机遇。元代的官局为明清两代设立宫廷治玉管理机制提供了范本，明、清两代宫廷玉作促使北京治玉业形成了规范有序的自我约束力。而朝廷的大力扶持，也为北京的治玉业提供了上等的原料、先进的技术工具。作为京城，北京在治玉思想和设计理念上是兼容并包的。这里有宫廷礼制文化与民间世俗文化的交流，有东西方文化的碰撞，多元的文化构成促成了绝妙的设计灵感与精美器型的诞生。

第七章 CHAPTER 7

文化特征

和谐礼制的体现

作为明、清两代的宫廷治玉中心，北京的玉器文化倾向于一种包涵着皇权意识与文人表达的“雅器”。明代是汉人重新获得统治权的朝代，统治者大力弘扬汉族传统文化，彰显自己作为统治阶级的无上地位。清代统治者虽吸收了蒙古人的文字系统，但对汉族文化也表现出了极大的兴趣。康熙、雍正、乾隆 3 位清朝的皇帝，极力把自己表现为中国传统文化遗产（尤其是汉文化遗产）的保护者。尤其到了乾隆时期，宫廷仿古玉器极为流行。这里的仿古，并不完全模仿古代或是以创造赝品为目的，而是借鉴传统的器型来巩固中国传统礼制文化。其中，玉器大量用于模仿古代的金属器和陶瓷器，以作为宫廷陈设，这既创造出一种古色古香的环境氛围，又时刻提醒人们尊卑有别，万事不可僭越。可以说，对中华礼仪制度的自觉维护是北京玉器文化的第一个特征。

若把北京的玉业看作一个多元构成的文化生态系统，其中每一个环节都有一种固有的方式，这些方式既是传统留下的经验记录，又是后人为了维护这个传统而进行的自我修正。“玉”是整个行业的核心，进而衍生出这个系统中各种各样的行为方式，这些行为方式又对一种共同的力量进行引导，并为这种行为赋予了道德的意义。因此，在这种共同力量的引导下，整个系统呈现出一种看上去“自然而然”的秩序。这种“自然而然”、“无为而治”的秩序，就是道家所追求的“和谐”，也就是中国人常常挂在嘴边所说的“礼”。北京玉业就是在这样的方式中建立了自己稳定的文化结构，无论是宫廷玉作还是民间玉作都自觉自愿地维护着行业行为规范，并从中获得一种秩序和意义。

世俗文化的张力

明、清玉器较之以往，最大的特点就是具有了世俗化的文化特征。玉器世俗化的倾向出现于明代中后期，市民阶层的出现，对玉器等手工艺品的需求增大，并且有了新的审美标准和要求。虽然北京玉业的主体是朝廷管理的官方玉作，但在商品经济发展繁荣的大环境下，不可能固步自封，完全不理会来自民间的意识形态的新变化。民间世俗文化的兴盛才是明、清两代北京玉业兴旺发达的真正源头。

明代后期、清代中期以后，北京市面上出现了大量满足市民需要、反映普通百姓对美好生活向往和追求的寓意吉祥的玉器小件，主要是装饰品玉器，如玉镯、玉坠等，也有日用品玉器，如鼻烟壶等。这些玉器的造型与纹饰图案都体现着市民阶层的欣赏习惯，反映了人们对幸福生活的期许与向往，并且深深渗透着中华民族传统的民间习俗，因此在社会上广泛流传，受到社会各阶层人士的喜爱。一些吉祥图案，如“金玉满堂”“花好月圆”“三羊开泰”“福禄长寿”“连升三级”等，增加了玉器的美感和内涵。“喜”“福”“寿”等字也成为玉器雕琢常用的内容。

明、清玉器构图其实已不单是一种装饰，更是人们心灵的写照，同时还流露着民众美好的愿望和乐观的精神，具有无言的魅力。可以说，它带着社会的“和声”，凝结成谐音、符号、象征等中国特有的吉祥寓意性的艺术语言，使创作者和欣赏者从中得到享受和满足，并跃出造型和画面，进入到一个更饱满、更充实的心灵世界。尤其是当玉器步入百姓阶层并与传统乡土文化紧密结合后，它更加成为一种富贵平安、兴旺吉庆的象征物件了。人们借玉器期盼福寿安康、寓意喜庆吉祥、表达高洁人格，人赋予了玉“灵魂”，玉规诫着人的行为。在这种用玉思想的指导下，明、清玉器达到了“图必有意，意必吉祥”的艺术境地，可见世俗文化对治玉业的强大影响力。

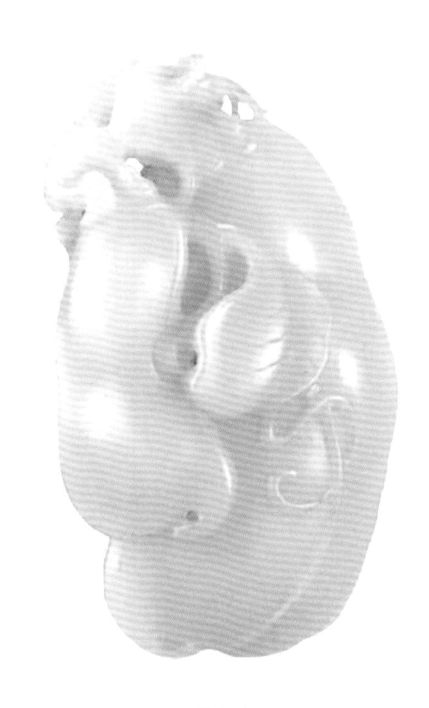

7-1-1

清代“连中双甲”玉豆角挂件

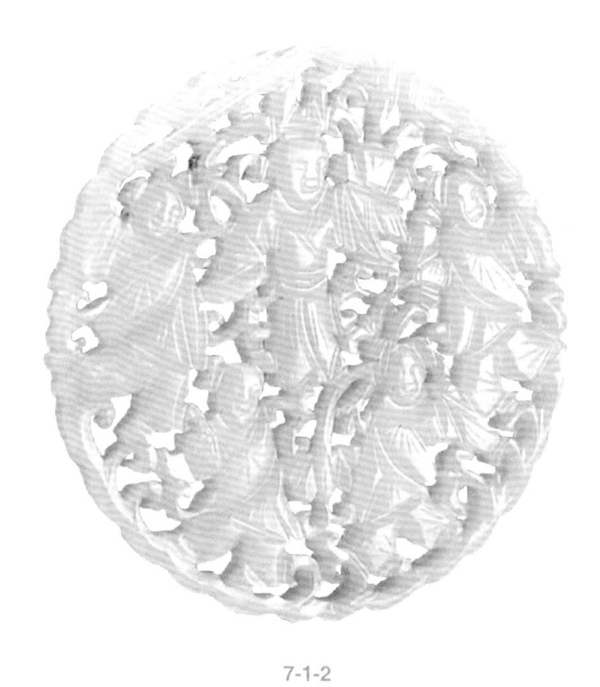

7-1-2

清代“五子登科”玉花片

7-1-3

清代玉带扣“马上封侯”

7-1-4

清代“太平有象”摆件

7-1-5

清代“和合二仙”玉佩

推荐书目

Suggested Reading

[1]〔明〕宋应星：《天工开物》第三卷，甘肃文化出版社，2003 年版 .

[2]〔清〕纪昀：《阅微草堂笔记》卷六，上海古籍出版社，1980 年版 .

[3]〔清〕孙承泽：《天府广记（上册）》，北京古籍出版社，1982 年版 .

[3]《清高宗〔乾隆〕御制诗文全集》，中国人民大学出版社，1993 年版 .

[4] 陈重远：《老珠宝店》，北京出版社，2005 年版 .

[5] 胡金兆：《百年琉璃厂》，当代中国出版社，2006 年版 .

[6] 孔德安：《中国古代玉雕的技术美特征》，《科学技术与辩证法》，2007 年 6 期 .

[7] 李福顺主编：《北京美术史》，首都师范大学出版社，2008 年版 .

[8] 李久芳：《明代玉器艺术简述》，《故宫博物院院刊》，1996 年 2 期 .

[9] 李久芳：《明玉碾琢工艺特征及仿古作伪的鉴别》《中国古玉辨伪与鉴考》，紫禁城出版社，1998 年版 .

[10] 李久芳：《清代琢玉工艺概论》《中国玉器全集·6·清》，河北美术出版社，1997 年版 .

[11] 李约瑟等：《中国科学技术史》（第三卷），科学出版社，1995 年版 .

[12] 刘若愚：《明宫史》，北京古籍出版社，1980 年版 .

[13] 彭泽益编：《中国近代手工业史料》，三联出版社，1957 年版 .

[14] 桑行之等编：《说玉》，上海科技教育出版社，1993 年版 .

[15] 尚刚：《元代工艺美术史》，辽宁美术出版社，1999 年版 .

[16] 苏天钧：《北京西郊小西天清代墓葬发掘简报》，《文物》，1963 年 1 期 .

[17] 徐琳：《中国古代治玉工艺》，紫禁城出版社，2011 年版 .

[18] 杨伯达：《论中国古代玉器艺术》《古玉史论》，紫禁城出版社，1998 年版 .

[19] 杨伯达：《清代宫廷玉器》，《故宫博物院院刊》，1982 年 2 期 .

[20] 杨伯达：《清宫旧藏翡翠器简述》，《故宫博物院院刊》，2000 年第 6 期 .

[21] 杨伯达:《清乾隆帝玉器观初探》,《故宫博物院院刊》, 1993 年 4 期 .

[22] 杨伯达 :《隋唐—明代玉器述略(581~1644 年)》《中国玉器全集·5·隋唐—明》，河北美术出版社，1997 年版 .

[23] 杨伯达：《中国古代玉器发展历程》《古玉考》，徐氏艺术馆，1992 年版 .

[24] 杨伯达：《中国古玉研究刍议五题》,《文物》，1986 年 9 期 .

[25] 杨伯达：《中国玉器面面观》《古玉考》，徐氏艺术馆，1992 年版 .

[26] 姚士奇：《中国玉文化》，江苏出版集团，2004 年版 .

[27] 于平等：《中国出土玉器全集 · 1 · 北京 天津 河北》，科学出版社，2005 年版 .

[28] 喻燕姣：《中国玉文化研究范畴浅析》,《东南文化》，2000 年 7 期 .

[29] 张彩娟:《明代妃嫔墓出土礼仪用玉与冠服制度》,《中国历史文物》, 2007 年 1 期 .

[30] 张广文：《明代玉器》，紫禁城出版社，2007 年版 .

[31] 张广文：《清代宫廷仿古玉器》，《故宫博物院院刊》，1990 年 2 期 .

[32] 张明华：《中国古玉发现与研究 100 年》，上海书店出版社，2004 年版 .

[33] 张廷玉等撰：《明史》，中华书局，1974 年版 .

[34] 赵永魁、张加勉：《中国玉石雕刻工艺技术》，北京工艺美术出版社，1994 年版 .

[35] 中国大百科全书编辑委员会：《中国大百科全书》，中国大百科全书出版社，1993 年版 .

[36] 中国社会科学院考古研究所、定陵博物馆：《定陵》，文物出版社，1990 年版 .

[37] 中国社会科学院考古研究所等：《定陵掇英》，文物出版社，1989 年版 .

[38] 周耿：《介绍北京市的出土文物展览》，《文物参考资料》，1954 年 8 期 .

[39] 周南泉：《痕都斯坦与其地所造玉器考》，《故宫博物院院刊》，1988 年 4 期 .

[40] 周南泉：《痕都斯坦玉器的风格与成就》，《文博》，1989 年 1 期 .

[41] 周南泉：《明陆子冈及"子冈"款玉器》，《故宫博物院院刊》，1984 年 3 期 .

[42] 周南泉：《明清琢玉、雕刻工艺美术名匠》，《故宫博物院院刊》，1983 年 1 期 .

[43] 北京市政协文史资料研究委员会：《花市一条街》，北京出版社，1990 年版 .

图片说明
Caption

1-1-1、1-1-2、 2-1-1、 2-1-3、 4-2-1 、 5-1-3 自拍。

2-2-2、 2-2-3 周南泉《明陆子冈及“子冈”款玉器》故宫博物院院刊 1984 年第 3 期。

2-2-4 至 2-2-6、2-3-1 、2-3-2 、3-1-6、3-2-6、4-1-2 、4-2-2、6-4-1、6-4-2 杨伯达《中国美术全集 工艺美术编 9 玉器》，文物出版社，1986 年版。

2-2-7、3-2-4 、5-1-2 、 6-3-2 徐琳《中国古代治玉工艺》，紫禁城出版社，2011 年版。

2-4-1 胡金兆：《百年琉璃厂》，当代中国出版社，2006 年版。

2-4-2 北京市政协文史资料研究委员会：《花市一条街》北京出版社，1990 年版。

3-1-1 至 3-1-3、3-1-5、3-1-7、3-1-8 杨伯达主编，《中国玉器全集·5·隋唐——明》，河北美术出版社，1997 年版。

3-1-4、3-2-3、3-2-7、4-2-3、6-1-1、6-2-1 、6-5-3 图片来源：古方主编，《中国出土玉器全集·1·北京 天津 河北》，科学出版社，2005 年版。

3-2-1、3-2-2、3-2-5、3-2-8、3-2-9 、6-3-1 、6-5-1、 6-5-2 李久芳主编，《中国玉器全集·6·清》，河北美术出版社，1997 年版。

4-1-1 、5-1-1 （明）宋应星：《天工开物》第三卷，甘肃文化出版社， 2003 年版。

5-2-1 至 5-2-12 东京国立博物馆藏本。

结语
Epilogue

北京地区现存的大量明、清玉器代表了明、清两代玉器技艺的最高成就。与南方的治玉中心相比，北京因其尊贵的政治身份、特定的地理风貌、丰富的文化构成形成了自己鲜明的治玉风格——雍容、典雅，并且影响了全国各地治玉业的风格。其传达出的技艺典范与强大辐射力是其他治玉中心所无法比拟的。

北京治玉业从开始就有明确的服务对象，那就是王公贵胄。为数众多的明、清宫廷玉器，无论是在玉料使用上还是工艺水平上，都彰显了贵族的审美品位和主流的儒家思想，体现出了精英文化固有的高贵、严谨与肃穆，以丰富的艺术蕴涵引导着民间玉器的发展。同时，随着市民阶层的崛起，玉器开始进入百姓的生活，玉器的消费阶层开始多元化，民间玉作开始发展繁荣。尤其是清代中期以后，宫廷玉器与民间玉器在一定程度上相互渗透，相互影响，形成了良性的互动关系。

北京地区现存的明、清玉器有一半以上都采用和田玉料，尤其是一些玉器精品，其玉质都是和田白玉（有少部分是羊脂玉），这反映出中国传统的“重和田玉”的用玉观念在明、清两代得到了继承和发扬。

明清治玉工具的完善是明清玉器繁盛的技术基础，采玉技术的进步拓宽了玉料的使用范围与使用程度，琢玉工具的发明与完善极大地提高了功效，促进了玉器器型设计与制作等多领域的革新。没有新技术的支撑，明、清两代不会有如此大的艺术成就。技术史上的每一次进步都凝结着人类的智慧，每一次技术史的飞跃都极大地改变了人们的生活，治玉业也不例外，治玉工具的每一次变革，都促进了治玉业的飞跃式发展。

北京地区的治玉业有近800年的历史，不同的历史阶段有着不同的文化背景，并经历了多次政治、文化的变更。从发展脉络看，北京地区的治玉业，从元代起始，经明代勃兴，到清代鼎盛。三代宫廷玉作为北京治玉业奠定了“雅器”的艺术格调，并为民间治玉提供了一个有关玉料、技艺、组织的范本，宫廷玉器深厚的文化蕴涵和超然物外的精神追求都深深地影响了民间玉作的制作标准和目标。特别是明清时期，琢玉技艺到达了历史的最高峰，宫廷玉作的每一次创新都牵动着民间玉作制作倾向和大众审美口味的变化。比如，清代的“西番作”就曾经是北京玉行争相效仿和推崇的对象。同时，宫廷玉作也是在传统民间文化的滋养下发展进步的。民间玉作往往具有更自由的创作空间和更丰富、灵活的表现形式，而且比之贵族文化的程式性，世俗文化的鲜活性与商品经济的结合更紧密。这也是明、清玉器繁荣的重要原因之一。

处于中国封建社会末期的明、清两代，虽然都一度达到了各自经济的繁盛期，但终因极端保守的封建集权政治而失去了社会进步的自生动力，逐渐走向衰落。但是，自明代中期一直到20世纪初，在封建社会内部，商品经济始终在缓慢地发展，市场也在工艺美术发展领域起着越来越重要的作用。明、清两代玉器最大的共同点就在于，与世俗生活的紧密联系。在商品经济的影响下，玉器不再是皇室、士大夫专享的特殊物品。对玉器的占有开始更多地取决于经济购买力，这无疑会对整个治玉业产生一定的影响。与明代相比，清代玉器市场在玉器制造、流通等领域的作用更加突出，尤其是到了清代末期，鸦片战争之后，大量玉器（包括古玉器）外流的趋势曾严重地影响了清代治玉业的发展。清代无论在玉料占有方面还是制作工艺方面较之明代都更加丰富多彩。

近年来，随着经济的发展与人民生活水平的提高，越来越多的国人开始关注“玉”。玉文化是中华文明的一支奇葩，具有显著的民族特性，如何在世界文化交流与融合的浪潮中，保持并弘扬这一传统文化，值得我们思考。中国结束封建统治刚刚百年时间，这100年的变化是跨越式的、完全超乎想象的。科技的革新带来了生产、生活方式翻天覆地的变化，对于新兴事物的兴趣冲淡了人们对传统文化的关注。在这100年里，“时空文化错位”现象时有发生，在国内某些专家执著地从西方科技成果中寻求精神慰藉的同时，西方学者却试图在中国传统文化里找到解决社会问题的良药。被我们漠视的传统技艺，在西方的眼中却充满了魅力。作为中国古代科学技术史重要组成部分的治玉史，可谓源远流长，传统治玉模式注重精雕细琢，从而缔造出举世无双的珍品，其中体现的既是精益求精的技术追求，更是为人处世的玄妙哲理。希翼借鉴古人之经验为今人所用，找到古今玉文化的契合点，对当今治玉业的发展可以有所裨益。